T0209604

essentials

essentials liefern aktuelles Wissen in konzentrierter Form. Die Essenz dessen, worauf es als „State-of-the-Art" in der gegenwärtigen Fachdiskussion oder in der Praxis ankommt. *essentials* informieren schnell, unkompliziert und verständlich

- als Einführung in ein aktuelles Thema aus Ihrem Fachgebiet
- als Einstieg in ein für Sie noch unbekanntes Themenfeld
- als Einblick, um zum Thema mitreden zu können

Die Bücher in elektronischer und gedruckter Form bringen das Expertenwissen von Springer-Fachautoren kompakt zur Darstellung. Sie sind besonders für die Nutzung als eBook auf Tablet-PCs, eBook-Readern und Smartphones geeignet. *essentials:* Wissensbausteine aus den Wirtschafts-, Sozial- und Geisteswissenschaften, aus Technik und Naturwissenschaften sowie aus Medizin, Psychologie und Gesundheitsberufen. Von renommierten Autoren aller Springer-Verlagsmarken.

Weitere Bände in dieser Reihe http://www.springer.com/series/13088

Daniel Püschner

Quantitative Rechenverfahren der Theoretischen Chemie

Ein Einstieg in Hartree-Fock, Configuration Interaction und Dichtefunktionale

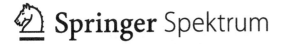 Springer Spektrum

Daniel Püschner
Bonn, Deutschland

ISSN 2197-6708   ISSN 2197-6716   (electronic)
essentials
ISBN 978-3-658-18241-0   ISBN 978-3-658-18242-7   (eBook)
DOI 10.1007/978-3-658-18242-7

Die Deutsche Nationalbibliothek verzeichnet diese Publikation in der Deutschen Nationalbibliografie; detaillierte bibliografische Daten sind im Internet über http://dnb.d-nb.de abrufbar.

Springer Spektrum

Gedruckt auf säurefreiem und chlorfrei gebleichtem Papier

Springer Spektrum ist Teil von Springer Nature
Die eingetragene Gesellschaft ist Springer Fachmedien Wiesbaden GmbH
Die Anschrift der Gesellschaft ist: Abraham-Lincoln-Str. 46, 65189 Wiesbaden, Germany

Was Sie in diesem *essential* finden können

- Eine ausführliche Behandlung der Hartree-Fock-Theorie.
- Eine Einführung in CI, CC und DFT.
- Ein Vergleich der Schwächen und Stärken der vorgestellten Methoden.

Vorwort

In der Chemie, insbesondere in der akademischen Forschung, ist die Computerchemie nicht mehr wegzudenken. Mit ihrer Hilfe können unter anderem Molekülstrukturen, Enthalpien, relative Stabilitäten verschiedener Isomere, Eigenschaften wie der Dipolmoment oder die Polarisierbarkeit, Stabilitäten von Festkörperoberflächen oder komplette Spektren (IR, NMR, UV-VIS etc.) berechnet werden. Obwohl die meisten Eigenschaften auch experimentell zugänglich sind, können Ergebnisse aus quantenmechanischen Rechnungen dabei helfen, die experimentellen Ergebnisse zu verstehen und zu interpretieren. So kann die Computerchemie dabei helfen, komplexe Reaktionsmechanismen aufzuklären, bei denen durch Experimente alleine nicht der komplette Mechanismus verstanden werden kann.[1]

Wie aktuell und wichtig quantitative Rechenverfahren sind, zeigt auch der Nobelpreis für Chemie aus dem Jahr 2013, der an drei theoretische Chemiker für die Entwicklung neuer Modelle zur Berechnung großer und komplexer chemischer Systeme vergeben wurde. In diesem *essential* werden daher sowohl grundlegende Methoden als auch heute genutzte moderne Methoden, wie *Coupled Cluster* (Kapitel 3) und die Dichtefunktionaltheorie (Kapitel 4), vorgestellt. Für das Verständnis dieses *essentials* werden Grundkenntnisse in den Bereichen der Mathematik und der Theoretischen Chemie vorausgesetzt. Der Leser sollte mit der Dirac- bzw. Bra-Ket-Notation, Operatoren und der Beschreibung von Elektronen durch Wellen vertraut sein.

Bonn, Deutschland   Daniel Püschner

---

[1]Ein schönes Beispiel hierfür ist die Funktion des Enzyms Cytochrom P450 (Shaik et al. 2004).

Inhaltsverzeichnis

Hartree-Fock

1

Obwohl Hartree-Fock (HF) die Grundlage für die meisten modernen quantenchemischen Methoden bildet, wird HF als alleinstehende Methode heutzutage so gut wie gar nicht mehr verwendet. Der Grund dafür liegt – wie im Verlauf des *essentials* noch gezeigt wird – in den schlechten Ergebnissen. Mit der Dichtefunktionaltheorie (Kap. 4) ist es heute möglich, mit vergleichbaren Rechenzeiten wesentlich bessere Ergebnisse zu erzielen. Da viele der moderneren theoretischen Methoden auf Hartree-Fock aufbauen, ist ein grundlegendes Verständnis dennoch unerlässlich, weshalb die Methode im Chemiestudium behandelt wird.

Hartree-Fock gehört zu den sogenannten *ab initio* Methoden. *Ab initio* kommt aus dem lateinisch und bedeutet „von Anfang an", d. h., dass für das Lösen der Schrödingergleichung nur Naturkonstanten verwendet werden. Auf der Gegenseite stehen die sogenannten semiempirischen Methoden. Bei diesen werden einige Näherungen eingeführt, die die Berechnung zwar deutlich schneller machen, aber zusätzliche Parameter für die Näherungen erfordern. Oft ist die Qualität der Ergebnisse semiempirischer Methoden schlechter als die der *ab initio* Methoden.

1.1 Der molekulare Hamiltonoperator

Das Ziel der meisten quantenchemischen Rechnungen ist die Berechnung der Wellenfunktion und der Energie eines chemischen Systems. Um die Energie eines Moleküls oder Atoms zu berechnen, muss die Schrödingergleichung gelöst werden. Um die Hartree-Fock-Gleichungen herzuleiten, wird daher mit der zeitunabhängigen Schrödingergleichung (1.1) gestartet.

$$\hat{H}\Psi(\vec{r}) = E\Psi(\vec{r}) \tag{1.1}$$

© Springer Fachmedien Wiesbaden GmbH 2017
D. Püschner, *Quantitative Rechenverfahren der Theoretischen Chemie*, essentials,
DOI 10.1007/978-3-658-18242-7_1

Die Energie des Systems kann durch Anwendung des Hamiltonoperators $\widehat{H}$ auf die Wellenfunktion erhalten werden. Dieser setzt sich aus den Operatoren für die kinetische $\widehat{T}$ und potentielle Energie[1] V der Elektronen und der Atomkerne zusammen. Für ein System mit N_{el} Elektronen und N_K Atomkernen lässt sich die allgemeine Form des molekularen Hamiltonoperators in atomaren Einheiten[2] schreiben als Gl. (1.2).

$$\widehat{H} = -\underbrace{\sum_{i=1}^{N_{el}} \frac{\nabla_i^2}{2}}_{\widehat{T}_e} - \underbrace{\sum_{I=1}^{N_K} \frac{\nabla_I^2}{2M_I}}_{\widehat{T}_K} - \underbrace{\sum_{i=1}^{N_{el}} \sum_{I=1}^{N_K} \frac{Z_I}{r_{iI}}}_{V_{eK}} + \underbrace{\sum_{i<j}^{N_{el}} \frac{1}{r_{ij}}}_{V_{ee}} + \underbrace{\sum_{I<J}^{N_K} \frac{Z_I Z_J}{r_{IJ}}}_{V_{KK}} \tag{1.2}$$

Kleine Indizes i, j werden für die Elektronen, große Indizes I, J für die Atomkerne verwendet. Dabei ist M_I das Verhältnis zwischen Kernmasse des Atoms I und der Masse eines Elektrons, Z_I die Ordnungszahl des Atoms I und r_{ij} der Abstand zwischen den Teilchen i und j. ∇ ist der Nabla-Operator, der Operator für die Ableitung nach allen Raumkoordinaten. ∇^2 ist dementsprechend der Operator für die zweite Ableitung.

$$\nabla_i^2 = \left(\frac{\partial^2}{\partial x_i^2} + \frac{\partial^2}{\partial y_i^2} + \frac{\partial^2}{\partial z_i^2} \right)$$

$\widehat{T}_e$ bzw. $\widehat{T}_K$ berechnet die kinetische Energie der Elektronen bzw. Atomkerne. V_{ee}, V_{KK} und V_{eK} berücksichtigen die Wechselwirkungen der Elektronen und Kerne untereinander sowie zwischen den beiden Teilchensorten.

Da Protonen und Neutronen fast zweitausendmal schwerer sind als Elektronen, ist die Bewegung der Atomkerne wesentlich langsamer als die der Elektronen, sodass die Kernbewegung in erster Näherung vernachlässigt werden kann. Diese auf der Trägheit der Kerne basierende, fundamentale Näherung in der Quantenchemie wird als Born-Oppenheimer-Näherung bezeichnet. Als Konsequenz ergibt sich, dass sich die Elektronen in dem fixen Feld der positiven Punktladungen der Atomkerne bewegen. Durch die Vernachlässigung der Kernbewegung wird auch die

---

[1]In einigen Lehrbüchern werden Operatoren für die potentielle Energie ohne „Hut" geschrieben. Dies wird hier ebenso gehandhabt.

[2]Die Verwendung von atomaren Einheiten vereinfacht die Schreibweise des Hamiltonoperators. Massen werden dabei als Vielfaches der Elektronenmasse, Energien als Vielfaches von 2 Rydberg usw. angegeben. Die Umrechnung in SI-Einheiten ist durch bekannte, aus Naturkonstanten zusammengesetzte Umrechnungsfaktoren sehr einfach.

kinetische Energie der Kerne T_K null und muss nicht mehr berechnet werden. Die Kern-Kern-Abstoßung wird zu einer Konstanten, die nur ein einziges Mal für eine gegebene Anordnung von Atomkernen berechnet werden muss. Aus diesem Grund wird der Term in der folgenden Diskussion über die Herleitung der Hartree-Fock-Gleichungen vernachlässigt und stattdessen ein elektronischer Hamiltonoperator $\widehat{H}_{el}$ definiert.

$$\widehat{H}_{el} = \widehat{T}_e + V_{ee} + V_{eK} \qquad (1.3)$$

Bei der Lösung der Schrödingergleichung (1.1) mit diesem Operator wird nur die elektronische Energie E_{el} erhalten. Für die Gesamtenergie E_{tot} muss die in der Born-Oppenheimer-Näherung konstante Energie der Coulombabstoßung zwischen den Kernen V_{KK} addiert werden.

$$E_{tot} = E_{el} + V_{KK}$$

Born-Oppenheimer-Näherung
Da die Born-Oppenheimer-Näherung auf dem großen Unterschied zwischen Elektronen- und Kernmasse beruht, wird sie besser, je schwerer die Atome im untersuchten System sind.

1.2 Die Wellenfunktion

Um die zeitunabhängige Schrödingergleichung (1.1) zu lösen, muss eine passende Wellenfunktion vorhanden sein. Diese ist für die allermeisten Systeme unbekannt. Eine Ausnahme bilden Modellsysteme (harmonischer Oszillator, Teilchen im Kasten, etc.) oder einfache Einelektronensysteme wie das Wasserstoffatom. Deshalb muss für Atome und Moleküle mit mehr als einem Elektron eine Wellenfunktion aus mehreren Einelektronenwellenfunktionen konstruiert werden. Ein früher Ansatz für eine solche Mehrelektronenwellenfunktion mit N Elektronen war das Hartree-Produkt:

$$\Psi^{HP} = \prod_{i=1}^{N} \phi_i(\vec{r}_i) \qquad (1.4)$$

Dabei wird die Wellenfunktion aller Elektronen (Mehrelektronenwellenfunktion) als Produkt der Einteilchenwellenfunktionen $\phi_i(\vec{r}_i)$, die jeweils ein Elektron i abhängig von seiner Position $\vec{r}_i$ beschreiben, geschrieben. Leider werden so weder die Ununterscheidbarkeit der Elektronen noch die Antisymmetrie der Wellenfunktion (Pauli-Prinzip), zwei grundlegende Anforderungen an die Mehrelektronenwellenfunktion, berücksichtigt.

Pauli-Prinzip
Eine gültige Wellenfunktion muss bei Vertauschung zweier Elektronen 1, 2 das Vorzeichen wechseln.

$$\Psi(1, 2) = -\Psi(2, 1)$$

Ein weit besserer Ansatz für Mehrelektronenwellenfunktionen ist die Slaterdeterminante Ψ^{SD} (1.5). Dabei wird jedes Elektron gleich häufig in jedes Einelektronenorbital gesetzt ($(N - 1)$!-mal). Dadurch sind die Elektronen voneinander nicht unterscheidbar. Die Orbitale werden von ϕ_1 bis ϕ_N durchnummeriert. Anstelle der Elektronenkoordinaten $\vec{r}_1, \vec{r}_2, \ldots \vec{r}_N$ können der Einfachheit halber auch nur die Elektronenindizes $1, 2, \ldots N$ aufgeschrieben werden. Das zweite Elektron im ersten Orbital würde also $\phi_1(2)$ geschrieben. Wie Einelektronenwellenfunktionen sind auch Mehrelektronenwellenfunktionen quadratisch auf 1 normiert, sodass sich der Vorfaktor von $(N!)^{-1/2}$ für die Slaterdeterminante ergibt.

$$\langle \Psi | \Psi \rangle \overset{!}{=} 1$$

$$\Psi^{SD}(1, 2, \ldots N) = \frac{1}{\sqrt{N!}} \begin{vmatrix} \phi_1(1) & \phi_2(1) & \ldots & \phi_N(1) \\ \phi_1(2) & \phi_2(2) & \ldots & \phi_N(2) \\ \vdots & \vdots & \ddots & \vdots \\ \phi_1(N) & \phi_2(N) & \ldots & \phi_N(N) \end{vmatrix} \tag{1.5}$$

Die Orbitale $\phi_a(i)$ in der obigen Schreibweise sind **Einelektronenorbitale** (z. B. Spinorbitale). Spinorbitale werden aus einer Ortsfunktion φ (z. B. $1s$ für das s-Orbital des Wasserstoffatoms) und der Spinfunktion η (α für „spin-up" bzw. β für „spin-down") konstruiert.

$$\phi_a(i) = \varphi_a(i)\eta(i) \quad \text{mit } \eta = \alpha, \beta$$

Eine Anforderung an die Einelektronenorbitale ist, dass diese orthogonal zueinander und normiert, also orthonormiert, sind. (δ_{ab} ist das sogenannte Kronecker-Delta.)

$$\langle \phi_a | \phi_b \rangle \overset{!}{=} \delta_{ab} = \begin{cases} 1 & \text{für } a = b \\ 0 & \text{für } a \neq b \end{cases} \tag{1.6}$$

Slaterdeterminanten erfüllen die physikalischen Anforderungen an eine Mehrelektronenwellenfunktion. Die Vertauschung zweier Elektronen entspricht der Vertauschung zweier Zeilen in der Determinante, wodurch sich das Vorzeichen umkehrt (Pauli-Prinzip). Wenn zwei Elektronen in allen vier Quantenzahlen übereinstimmen, sind zwei Spalten der Determinante identisch und die Slaterdeterminante wird null (Pauli-Verbot). Zudem wird die Ununterscheidbarkeit der Elektronen gewährleistet: Die Elektronen können beliebig vertauscht werden, ohne dass sich die Observablen der Slaterdeterminante (bzw. Wellenfunktion) ändern. Das Einzige, was sich ändern kann, ist das Vorzeichen der Wellenfunktion, welches jedoch keine physikalische Bedeutung hat.

Pauli-Verbot
Zwei Elektronen eines Systems dürfen nicht in allen vier Quantenzahlen übereinstimmen.

Die Slaterdeterminante von Helium
Zum besseren Verständnis wird der Aufbau einer einfachen Slaterdeterminante, der des Heliumatoms, gezeigt. Helium besitzt zwei Elektronen, die gleichmäßig auf die Spinorbitale verteilt werden müssen.

$$\Psi_{He}^{SD} = \frac{1}{\sqrt{2}} \begin{vmatrix} \phi_1(1) & \phi_2(1) \\ \phi_1(2) & \phi_2(2) \end{vmatrix}$$

$$= \frac{1}{\sqrt{2}} [\phi_1(1)\phi_2(2) - \phi_2(1)\phi_1(2)]$$

Die beiden verwendeten Orbitale entsprechen im Prinzip beide dem $1s$-Orbital von Helium, das in zwei Spinorbitale unterteilt ist. Dafür wird das s-Orbital (Ortsfunktion) mit der Spinfunktion (α bzw. β) multipliziert.

$$\phi_1(1) = 1s(1)\alpha(1)$$
$$\phi_2(1) = 1s(1)\beta(1)$$

1.3   Die Energie als Erwartungswert von Ψ^{SD}

Die Schrödingergleichung (1.1) ist eine Eigenwertgleichung, die Slaterdeterminante aber keine Eigenfunktion des Hamiltonoperators, weshalb die Energie über den Erwartungswert berechnet wird:

$$E_{el} = \langle \Psi^{SD} | \widehat{H}_{el} | \Psi^{SD} \rangle$$

Der elektronische Hamiltonoperator (1.3) wird in Ein- und Zweielektronenterme unterteilt. Dabei wird der Operator der kinetischen Energie der Elektronen $\widehat{T}_e$ und der der Kern-Elektron-Wechselwirkung V_{eK} im Einelektronenoperator $\widehat{h}_i$ zusammengefasst. Dieser hängt – wie der Name schon sagt – jeweils nur von einem einzigen Elektron ab und ist daher einfach zu berechnen.

$$\widehat{h}_i = \underbrace{-\frac{\nabla_i^2}{2}}_{\widehat{T}_e} \underbrace{- \sum_{I=1}^{N_K} \frac{Z_I}{r_{iI}}}_{V_{eK}} \tag{1.7}$$

Der Operator $\widehat{h}_i$ wirkt immer nur auf das Elektron i, sodass die Orbitale der anderen Elektronenkoordinaten separiert werden können:

$$\begin{aligned}
\langle \Psi | \widehat{h}_1 | \Psi \rangle &= \langle \phi_1(1)\phi_2(2)\ldots\phi_N(N) | \widehat{h}_1 | \phi_1(1)\phi_2(2)\ldots\phi_N(N) \rangle \\
&= \langle \phi_1(1) | \widehat{h}_1 | \phi_1(1) \rangle \underbrace{\langle \phi_2(2) | \phi_2(2) \rangle \ldots \langle \phi_N(N) | \phi_N(N) \rangle}_{=1} \\
&= h_1
\end{aligned}$$

Abgesehen von dem ersten Integral, auf das in diesem Fall der Einelektronenoperator $\widehat{h}_1$ wirkt, werden alle anderen Integrale wegen der Orthonormierung der Orbitale (1.6) zu eins.

In der Slaterdeterminante (1.5) werden anders als im Hartree-Produkt (1.4) alle möglichen Vertauschungen (Permutationen) der Elektronen in den Spinorbitalen berücksichtigt. Die Vertauschung zweier Elektronen wird formal durch den Permutationsoperator $\widehat{P}_{ij}$ vorgenommen, d. h. der Operator $\widehat{P}_{12}$ vertauscht die Elektronen in ϕ_1 und ϕ_2. Angewandt auf ein Einelektronenintegral ergibt sich:

$$\langle \Psi | \widehat{h}_1 | \widehat{P}_{12} \Psi \rangle = \langle \phi_1(1)\phi_2(2) \ldots \phi_N(N) | \widehat{h}_1 | \phi_2(1)\phi_1(2) \ldots \phi_N(N) \rangle$$

$$= \underbrace{\langle \phi_1(1) | \widehat{h}_1 | \phi_2(1) \rangle}_{=0} \underbrace{\langle \phi_2(2) | \phi_1(2) \rangle}_{=0} \underbrace{\langle \phi_3(3) | \phi_3(3) \rangle \ldots \langle \phi_N(N) | \phi_N(N) \rangle}_{=1}$$

$$= 0$$

Der Term $\langle \phi_2(2) | \phi_1(2) \rangle$ ist null, da die Orbitale in der Slaterdeterminanten orthogonal zueinander sind (1.6). Für den ersten Term gilt dasselbe:

$$\langle \phi_1(1) | \widehat{h}_1 | \phi_2(1) \rangle = E \underbrace{\langle \phi_1(1) | \phi_2(1) \rangle}_{=0}$$

Für das Ergebnis der Einelektronenintegrale spielt es also keine Rolle, ob eine Slaterdeterminante oder ein Hartree-Produkt als Wellenfunktion verwendet wird. Für den Zweielektronenterm V_{ee} jedoch schon, da der Permutationsoperator zu zusätzlichen Termen führt, die hier nicht wegfallen. So entstehen zwei verschiedene Wechselwirkungsterme: Der Coulombterm

$$\langle \Psi \left| \frac{1}{r_{12}} \right| \Psi \rangle = \langle \phi_1(1)\phi_2(2) \ldots \phi_N(N) \left| \frac{1}{r_{12}} \right| \phi_1(1)\phi_2(2) \ldots \phi_N(N) \rangle$$

$$= \langle \phi_1(1)\phi_2(2) \left| \frac{1}{r_{12}} \right| \phi_1(1)\phi_2(2) \rangle \underbrace{\langle \phi_3(3) | \phi_3(3) \rangle \ldots \langle \phi_N(N) | \phi_N(N) \rangle}_{=1}$$

$$= J_{12}$$

und der Austauschterm

$$\langle \Psi \left| \frac{1}{r_{12}} \right| \widehat{P}_{12} \Psi \rangle = \langle \phi_1(1)\phi_2(2) \ldots \phi_N(N) \left| \frac{1}{r_{12}} \right| \phi_2(1)\phi_1(2) \ldots \phi_N(N) \rangle$$

$$= \langle \phi_1(1)\phi_2(2) \left| \frac{1}{r_{12}} \right| \phi_2(1)\phi_1(2) \rangle \underbrace{\langle \phi_3(3) | \phi_3(3) \rangle \ldots \langle \phi_N(N) | \phi_N(N) \rangle}_{=1}$$

$$= K_{12}$$

Der Coulombterm lässt sich klassisch mit der Coulombabstoßung zwischen zwei gleich geladenen Teilchen (Elektronen) interpretieren. Der Austauschterm, der nur zwischen zwei Elektronen mit gleichem Spin gilt, hat dagegen kein klassisches Analogon.

Achtung Der Austauschterm tritt nur zwischen zwei Elektronen auf, die die-selbe Spinquantenzahl besitzen. Dies liegt daran, dass die Spinfunktionen orthogonal zueinander sind.

Insgesamt ergibt sich damit der Erwartungswert der Energie einer Slaterdeter-minante Ψ^{SD} als:

$$E_{el} = \langle \Psi^{SD} | \widehat{H}_{el} | \Psi^{SD} \rangle = \sum_{i=1}^{N} h_i + \sum_{i=1}^{N} \sum_{j>i}^{N} (J_{ij} - K_{ij}) \qquad (1.8)$$

K_{ij} ist ein positiver Skalar. Es korrigiert die Energie also nach unten. Eine gängigere Form der Gl. (1.8) zeigt die Gl. (1.9). Hier wird angenommen, dass zwei gepaarte Elektronen mit α- und β-Spin die gleiche Energie haben. Dadurch reicht es aus, nur die Energie aller Elektronen mit α-Spin im System zu berechnen und diese dann zu verdoppeln. Dieses Vorgehen wird als *restricted* Hartree-Fock (RHF) bezeichnet.

$$E_{el} = \sum_{i=1}^{N/2} 2h_i + \sum_{i=1}^{N/2} \sum_{j=1}^{N/2} (2J_{ij} - K_{ij}) \qquad (1.9)$$

Sofern nicht explizit anders vermerkt, wird von nun an nur noch der RHF-Formalismus für alle Gleichungen verwendet.

Energiebeiträge im Lithiumatom
Am Beispiel des Lithiumatoms soll gezeigt werden, welche Terme für die Energie berücksichtigt werden müssen. Da Lithium eine ungerade Elektro-nenzahl hat, wird nicht der RHF-Formalismus (1.9) sondern die allgemeine Form (1.8) verwendet. Die Abb. 1.1 zeigt die Orbitalbesetzung im Grund-zustand. Für die Grundzustandsenergie gibt es zwei Elektronen im Orbital 1 und eines im Orbital 2. Um die beiden Elektronen im ersten Orbital zu unter-scheiden, wird der Index 1 für das Elektron mit spin-up und $\bar{1}$ für das Elektron mit spin-down verwendet.

Insgesamt gibt es drei Beiträge durch den Einelektronenoperator $\widehat{h}_i$, wovon zwei die gleiche Energie besitzen ($h_1 = h_{\bar{1}}$). Dazu kommen die Coulomb-wechselwirkungen zwischen allen Elektronen. Betrachtet werden muss die Repulsion zwischen beiden Elektronen in Orbital 1 ($J_{1\bar{1}}$) und die Abstoßun-gen zwischen dem Elektron in Orbital 2 mit beiden Elektronen in Orbital 1,

Abb. 1.1 Das qualitative
Orbitalschema des
Lithiumatoms im
Grundzustand

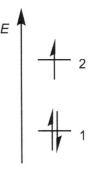

wobei gilt $J_{12} = J_{\bar{1}2}$. Dazu kommt der Austauschterm K_{12}, der nur zwischen zwei Elektronen mit gleichem Spin auftritt. Daher kann es auch keinen Austauschterm zwischen Elektron $\bar{1}$ und einem der anderen beiden Elektronen geben. Werden alle Terme zusammen addiert, ergibt sich die *elektronische* Grundzustandsenergie wie folgt:

$$E_{el,0} = 2h_1 + h_2 + J_{1\bar{1}} + 2J_{12} - K_{12}$$

Für die *gesamte* Grundzustandsenergie $E_{tot,0}$ in der Born-Oppenheimer-Näherung muss theoretisch noch der Term für die Kern-Kern-Abstoßung V_{KK} addiert werden. Da hier nur ein einzelnes Atom und kein Molekül behandelt wird, gibt es keine Kern-Kern-Repulsion.

1.4   Der Fockoperator

Bevor mit der Herleitung der Hartree-Fock-Gleichungen begonnen werden kann, muss noch der sogenannte Fockoperator definiert werden. Dieser fasst die Ein- und Zweielektronenoperatoren zusammen.

$$\widehat{f}_i = \widehat{h}_i + \sum_{j}^{N/2}(2\widehat{J}_{ij} - \widehat{K}_{ij}) \tag{1.10}$$

Der Einelektronenoperator $\widehat{h}_i$ wurde bereits in Gl. (1.7) definiert. Die Operatoren für die Coulomb- und Austauschenergie ergeben sich wie folgt:

$$\widehat{J}_j(1)\,|\phi_i(1)\rangle = \langle\phi_j(2)\left|\frac{1}{r_{12}}\right|\phi_j(2)\rangle\,|\phi_i(1)\rangle$$

$$\widehat{K}_j(1)\,|\phi_i(1)\rangle = \langle\phi_j(2)\left|\frac{1}{r_{12}}\right|\phi_i(2)\rangle\,|\phi_j(1)\rangle$$

Achtung Im Coulomboperator wird die Elektron-Elektron-Repulsion nur im Mittel berücksichtigt. Ein Elektron spürt nur ein mittleres Feld aller anderen Elektronen. Aus diesem Grund wird Hartree-Fock auch als *mean-field* Methode bezeichnet und kann für Mehrelektronensysteme niemals das richtige Ergebnis geben.

1.5   Das Variationsprinzip

Die Slaterdeterminante (1.5) liefert einen Ansatz für eine Mehrelektronenwellenfunktion und wird aus Einelektronenwellenfunktionen konstruiert. Wenn der Erwartungswert der Energie einer Wellenfunktion bezüglich des (elektronischen) Hamiltonoperators berechnet wird, wird eine (elektronische) Energie erhalten, die *nur dann* der exakten (elektronischen) Energie des Systems entspricht, wenn die Wellenfunktion dieses optimal beschreibt. Ist das nicht der Fall, was (fast) immer so ist, dann liegt der Erwartungswert der Energie höher als die exakte Energie. Dies wird als Variationsprinzip bezeichnet.

Variationsprinzip
Das Variationsprinzip besagt, dass der Erwartungswert der Energie einer gültigen Testwellenfunktion (hier die Slaterdeterminante Ψ^{SD}) niemals kleiner (d. h. günstiger) werden kann als die Energie der echten Wellenfunktion für den elektronischen Grundzustand $E_{el,0}^{exakt}$.

$$E_{el,0}^{min} = \langle\Psi^{SD}|\widehat{H}_{el}|\Psi^{SD}\rangle \geq E_{el,0}^{exakt} \tag{1.11}$$

Anders ausgedrückt wird in Hartree-Fock nach einer Wellenfunktion gesucht, für die eine minimale Energie erhalten wird. Die Mehrelektronenwellenfunktion wird aus Orbitalen konstruiert. Durch Veränderung der Orbitale ändert sich auch die

Wellenfunktion, was in der Regel zu einer Änderung des Erwartungswerts der Energie führt. Es wird nach einem Satz von Orbitalen gesucht, für den die Energie minimal wird und so möglichst dicht an der exakten Energie liegt.

Achtung Wegen der Born-Oppenheimer-Näherung und der Vernachlässigung relativistischer Effekte, heißt „exakt" hier nicht „in Übereinstimmung mit dem experimentellen Ergebnis", sondern nur „exakt im Rahmen der gemachten Näherungen".

Woher die Orbitale stammen und wie ein Satz von optimalen Orbitalen gefunden werden kann, wird später noch beschrieben.

Der Erwartungswert der Energie ist im Prinzip ein Funktional[3] abhängig von der Wellenfunktion Ψ^{SD},

$$E_{el,0}\left[\Psi^{SD}\right] = \langle \Psi^{SD} | \widehat{H}_{el} | \Psi^{SD}\rangle$$

sodass am Minimum die erste Ableitung null sein muss.

$$\frac{d}{d\Psi^{SD}} E_{el,0}\left[\Psi^{SD}\right] = 0$$

Das Problem kann mit Hilfe von Lagrange-Multiplikatoren gelöst werden. Das Nachvollziehen der Lösung würde den Rahmen dieses *essentials* sprengen, sodass hier nur auf die Lösung eingegangen wird. Der interessierte Leser sei an dieser Stelle auf das Buch *Modern Quantum Chemistry* von A. Szabo und N. S. Ostlund (1996) verwiesen. Aus den Lagrange-Multiplikatoren λ werden schließlich die Hartree-Fock-Gleichungen (1.12) erhalten.

$$\widehat{f}_i \phi_i = \sum_j^N \lambda_{ij} \phi_j \qquad (1.12)$$

Durch eine unitäre Transformation kann die Gleichung vereinfacht werden, indem die Matrix der Lagrange-Multiplikatoren λ_{ij} diagonalisiert und die Orbitale ϕ_j in sogenannte kanonische Orbitale ϕ_i' transformiert werden. Die Energie der Slaterdeterminante ändert sich durch die Transformation nicht. Durch die

---

[3]Eine Funktion hängt von einer oder mehreren Variablen ab. Ein Funktional dagegen hängt von einer Funktion ab.

Diagonalisierung werden alle nicht Diagonalelemente der Matrix null und auf der Diagonalen stehen anschließend die Orbitalenergien ε_i.

$$\widehat{f_i}\phi_i' = \varepsilon_i \phi_i' \tag{1.13}$$

Der Erwartungswert des Fockoperators lässt sich als Orbitalenergie interpretieren.

$$\langle \phi_i' | \widehat{f} | \phi_i' \rangle = \varepsilon_i \underbrace{\langle \phi_i' | \phi_i' \rangle}_{=1}$$

Im Folgenden werden nur noch kanonische Orbitale behandelt, der Einfachheit halber aber ϕ_i anstelle von ϕ_i' geschrieben.

Achtung Die Summe aller Orbitalenergien entspricht nicht der elektronischen Energie, da Coulomb- und Austauschterme durch die Orbitalsummation doppelt gezählt werden. Um die elektronische Energie in Abhängigkeit von der Orbitalenergie zu schreiben, ist es also nötig diese Doppelzählung zu korrigieren.

$$E_{el} = 2 \sum_i^{N/2} \varepsilon_i - \sum_{ij}^{N/2} (2J_{ij} - K_{ij})$$

Gl. (1.13) ist nur eine Pseudo-Eigenwertgleichung, da der Fockoperator selber von allen besetzten Orbitalen abhängt (über $\widehat{K}$ und $\widehat{J}$). Die Energie eines (bestimmten) Orbitals kann also nur erhalten werden, wenn alle anderen besetzten Orbitale bekannt sind. Da dies nicht der Fall ist, wird zum Lösen ein iteratives Verfahren, das sogenannte *self-consistent field* (SCF) Verfahren, benötigt. Dabei werden die Orbitale im ersten Schritt „geraten" und anschließend in jedem weiteren Schritt (Iteration) variiert, bis diese das System ausreichend gut beschreiben.

1.6   LCAO-Ansatz

Die Slaterdeterminante wird aus Orbitalen aufgebaut. Diese Orbitale sind Einelektronenwellenfunktionen. Im Studium wird gelehrt, dass in ein Atom- oder Molekülorbital zwei Elektronen passen. Durch Multiplikation mit einer Spinfunktion lassen sich die Zweielektronenorbitale jedoch wieder in Einelektronenwellenfunktionen umwandeln. Die Ortsfunktionen von Molekülorbitalen sind, genau wie die exakte Wellenfunktion, unbekannt. Sie können jedoch aus einer Linearkombination von m bekannten Atomorbitalen χ (Basisfunktionen) konstruiert werden. Dieser Ansatz wird LCAO-Ansatz *(linear combination of atomic orbitals)* genannt.

$$\phi_a = \sum_{\mu}^{m} c_{\mu a} \chi_{\mu} \tag{1.14}$$

Passende LCAO-Koeffizienten $c_{\mu a}$ müssen in dem iterativen SCF-Verfahren berechnet werden. Dabei werden die Koeffizienten unter Einhaltung von Randbedingungen, wie die Orthonormalität der Orbitale (1.6), variiert, bis ein Satz von Molekülorbitalen gefunden wird, der das System optimal beschreibt.

Die Atomorbitale χ_{μ} selbst sind Exponentialfunktionen, die am Kern ein Maximum haben und mit steigendem Abstand vom Kern abfallen. Eine optimale Beschreibung dafür liefern sogenannte Slaterfunktionen. In der Praxis werden jedoch Gaussfunktionen verwendet (siehe Vertiefung zu Basisfunktionen). Die Parameter für die Beschreibung der Exponentialfunktionen (Vorfaktor, Exponent) unterscheiden sich je nach Element und Orbital ($1s$, $2s$, $2p$, etc.). Es gibt unterschiedliche vorgefertigte Parametersätze für die Exponenten und Vorfaktoren für die verschiedenen Orbitale der verschiedenen Elemente des Periodensystems. Diese Parametersätze werden als „Basissätze" bezeichnet und sind in den meisten Quantenchemieprogrammen bereits implementiert. Der Benutzer muss nur noch wählen, welchen der vorgefertigten Parametersätze er benutzen möchte. Deren „kryptische" Abkürzungen wie STO-6G oder 6-31G* können wichtige Informationen über die Anzahl der Basisfunktionen und die Art der Basisfunktionen enthalten und geben so auch Aufschluss über die Qualität des Basissatzes. Eine große Anzahl von Basissätzen ist im Internet frei zugänglich.[4]

Je mehr Atomorbitale für die Beschreibung eines Molekülorbitals (1.14) zur Verfügung stehen, desto besser können die Molekül- bzw. Spinorbitale in der Slaterdeterminante das System beschreiben und desto näher kommt die Hartree-Fock-Energie der exakten Energie des elektronischen Grundzustandes (vgl. Variationsprinzip (1.11)). Im Grenzfall von unendlich vielen Basisfunktionen spricht man vom Hartree-Fock-Limit bzw. Basissatzlimit. Eine Rechnung mit unendlich vielen Basisfunktionen ist natürlich nicht möglich. Stattdessen werden oft zwei Rechnungen mit verschieden großen Sätzen von Basisfunktionen durchgeführt und die erhaltenen Energien auf einen unendlich großen Satz von Basisfunktionen extrapoliert.

---

[4] Auf der Website der *EMSL Basis Set Exchange* lassen sich beispielsweise über 500 verschiedene solcher Parametersätze herunterladen (https://bse.pnl.gov).

Hartree-Fock-Limit/Basissatzlimit

Werden $\lim_{n \to \infty} n$ Basisfunktionen verwendet, so wird im Hartree-Fock-Algorithmus die bestmögliche Hartree-Fock-Energie erhalten. Wie bereits erwähnt, führt die *mean-field* Näherung dazu, dass sich dieses Ergebnis für Mehrelektronensysteme vom exakten Ergebnis unterscheidet.

Vertiefung: Basisfunktionen

Es gibt viele verschiedene Ansätze für Basissätze in der Quantenchemie. Grob kann in zwei Klassen unterschieden werden: den atomzentrierten und den nicht atomzentrierten Basisfunktionen, wobei in diesem *essential* nur erstere besprochen werden. Gemäß dem LCAO-Ansatz (1.14) werden die atomzentrierten Basisfunktionen, also Atomorbitale, zu Molekülorbitalen kombiniert. In Abb. 1.2 ist eine solche atomzentrierte Basisfunktion (hier ein $1s$-Orbital) gezeigt. Das korrekte physikalische Verhalten gibt die Slaterfunktion (engl. *Slater Type Orbital*) (STO) *(graue Kurve)* wieder: am Kern befindet sich der sogenannte *Cusp* und mit wachsendem Abstand vom Kern fällt die Funktion exponentiell ab.

$$\psi_{STO} \propto A \exp\left(-\zeta \cdot |r|\right)$$

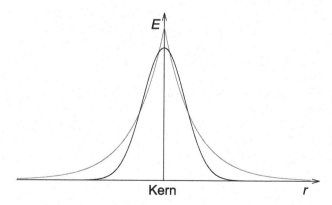

Abb. 1.2 Das Verhalten der Slater- *(grau)* und Gaussfunktionen *(schwarz)* im Vergleich. Hier ist eine einfache $1s$-Funktion abgebildet

Leider lassen sich Slaterfunktionen nicht analytisch integrieren, sodass für die Berechnung der Zweielektronenintegrale für die Coulomb- und Austauschterme eine aufwendige, numerische Integration nötig wäre. Aus diesem Grund werden in der Praxis Gaussfunktionen *(schwarze Kurve)*, die hier als primitive Gaussfunktionen (engl. *primitive Gaussian Type Orbital*) (PGTO) bezeichnet werden, verwendet. Diese lassen sich analytisch integrieren, liefern aber eine weitaus schlechtere Beschreibung der Orbitaleigenschaften. Die Funktion fällt zu schnell ab und am Kernort fehlt der *Cusp*.

$$\psi_{\text{PGTO}} \propto A \exp \left(-\zeta \cdot r^2 \right)$$

Um das Verhalten der Gaussfunktionen zu verbessern, werden Linearkombinationen aus den primitiven Gaussfunktionen (PGTOs) gebildet (vgl. Abb. 1.3). Diese Linearkombinationen werden als kontrahierte Gaussfunktionen (CGTO) bezeichnet. Je mehr primitive Gaussfunktionen in die Linearkombination einfließen, desto besser kann das Verhalten einer Slaterfunktion imitiert werden. Auch wenn pro Orbital mehrere primitive Gaussfunktionen verwendet werden, ist dieses Vorgehen in der Hartree-Fock-Rechnung deutlich schneller als eine einzige Slaterfunktion pro Orbital zu verwenden.

Die Parameter für die Gauss- bzw. Slaterfunktionen, also der Vorfaktor A und der Exponent ζ, unterscheiden sich je nach Orbital und Element. Ein $1s$-Orbital ist viel weniger ausgedehnt als ein $2s$-Orbital und hat deshalb einen größeren Orbitalexponenten. Bei Elementen mit höherer Kernladung werden die inneren Orbitale noch weiter zusammengezogen. Die Orbitalexponenten und Vorfaktoren für die verschiedenen Elemente sind in den sogenannten Basissätzen festgelegt. Werden in einem Basissatz nur die Orbitale berücksichtigt, die tatsächlich nötig sind, um die Elektronen in den neutralen Atomen zu beschreiben, so handelt es sich um einen sogenannten Minimalbasissatz. Für akzeptable Ergebnisse sollten aber grundsätzlich mehr Basisfunktionen verwendet werden: Für ein Kohlenstoffatom müssen für die Beschreibung von Polarisationseffekten (Hybridisierung) beispielsweise auch d-Orbitale verwendet werden. Zur Beschreibung von Anionen sind diffuse, also weit ausgedehnte Orbitale mit kleinen Exponenten, nötig.

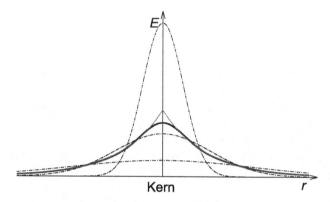

Abb. 1.3 Eine kontrahierte 1s-Gaussfunktion *(schwarz)* konstruiert aus drei primitiven Gaussfunktionen *(gestrichelt)* und eine Slaterfunktion *(grau)* zum Vergleich

1.7   Die Roothaan-Gleichungen

Was der Computer später in einer Hartree-Fock-Rechnung löst, sind die Roothaan-Gleichungen, die sich aus den Hartree-Fock-Gleichungen (1.13) ergeben. Für die kanonischen Molekülorbitale ϕ_i wird die LCAO-Näherung (1.14) eingesetzt.

$$\widehat{f_i} \sum_\nu^m c_{\nu i} \chi_\nu = \varepsilon_i \sum_\nu^m c_{\nu i} \chi_\nu$$

Von links wird nun eine komplex konjugierte Basisfunktion χ_μ^* multipliziert und der Erwartungswert gebildet. Die LCAO-Koeffizienten $c_{\nu i}$ sind nur Faktoren, die auch vor das Integral geschrieben werden können, sodass sich in Dirac-Notation ergibt:

$$\sum_\nu c_{\nu i} \underbrace{\langle \chi_\mu | \widehat{f_i} | \chi_\nu \rangle}_{F_{\mu\nu}} = \varepsilon_i \sum_\nu c_{\nu i} \underbrace{\langle \chi_\mu | \chi_\nu \rangle}_{S_{\mu\nu}} \tag{1.15}$$

Die Erwartungswerte des Fockoperators bilden die Fockmatrix $F_{\mu\nu}$. ε_i ist die Orbitalenergie des Orbitals i. $\langle \chi_\mu | \chi_\nu \rangle$ ist nichts anderes als der Überlapp zwischen den zwei Atomorbitalen χ_μ und χ_ν und wird meist als Element der Überlappungsmatrix $S_{\mu\nu}$ abgekürzt. Da die Basisfunktionen nur normiert aber (anders als die Orbitale in der Slaterdeterminante) nicht notwendigerweise orthogonal zueinander sind, nehmen die Diagonalelemente der Überlappungsmatrix den Wert 1 an, während auf den Nebendiagonalelementen Werte zwischen 0 und 1 stehen. Die Summe über alle Koeffizienten c_{vi} wird in der Koeffizientenmatrix zusammengefasst. So ergeben sich die Roothaan-Gleichungen (auch Roothaan-Hall-Gleichungen genannt) in Matrixschreibweise:

$$\sum_v F_{\mu v} c_{vi} = \varepsilon_i \sum_v S_{\mu v} c_{vi}$$

$$\mathbf{FC} = \mathbf{SC}\varepsilon \qquad (1.16)$$

ε ist dabei eine Diagonalmatrix mit den Orbitalenergien ε_i auf den Diagonalelementen.

Durch eine Transformation lassen sich die Orbitale in orthonormierte Orbitale umwandeln. Da die Überlappungsmatrix hermitesch ist, lässt sie sich durch eine unitäre Transformation diagonalisieren, sodass sie in einer orthonormierten Basis gleich der Einheitsmatrix $\mathbf{1}$ ist, d. h. die Diagonalelemente sind 1 während alle anderen Matrixelemente null sind. Die dazu benötigte Transformationsmatrix lässt sich durch eine Diagonalisierung der Überlappungsmatrix ermitteln.

$$\langle \chi'_\mu | \chi'_v \rangle = S_{\mu v} = \delta_{\mu v}$$

Die Roothaan-Gleichungen (1.16) vereinfachen sich also zur Gl. (1.17).

$$\mathbf{F'C'} = \mathbf{C'}\varepsilon \qquad (1.17)$$

Hierbei ist ε die Energie des entsprechenden Orbitals und $\mathbf{C'}$ die Matrix der Orbitalkoeffizienten der orthogonalisierten Orbitale. Die Fockmatrix wird bei der Orbitaltransformation ebenfalls transformiert. Gl. (1.17) ist ein Eigenwertproblem, das effizient von Computern gelöst werden kann. $\mathbf{F'}$ wird dabei diagonalisiert, um $\mathbf{C'}$ zu erhalten. Da die Transformationsmatrix, die zur Orthogonalisierung der Orbitale verwendet wurde, bekannt ist, kann die Transformation rückgängig gemacht werden und so aus $\mathbf{C'}$ wieder $\mathbf{C}$ erhalten werden. Die Fockmatrix $\mathbf{F}$ ist ebenfalls bekannt, sodass die nicht transformierten Roothaan-Gleichungen (1.16) mit Hilfe des Überlapps $\mathbf{S}$ aus den nicht transformierten Orbitalkoeffizienten $\mathbf{C}$ gelöst werden können und so letztendlich die Energie des Systems zugänglich ist.

1.8 Dichtematrix

Die Hartree-Fock-Lösungen lassen sich nicht nur abhängig von den LCAO-Koeffizienten beschreiben. Eine alternative Schreibweise führt über die sogenannte Dichtematrix. Nach der Bornschen Wahrscheinlichkeitsinterpretation kann das Betragsquadrat einer Einelektronenwellenfunktion $|\phi(\vec{r})|^2$ als Aufenthaltswahrscheinlichkeitsdichte (auch Elektronendichte) interpretiert werden.

$$|\phi(\vec{r})|^2 = \phi^*(\vec{r})\phi(\vec{r})$$

Achtung Die Wellenfunktion selbst besitzt keine physikalische Bedeutung. Das Betragsquadrat dagegen schon.

Die totale Elektronendichte im RHF-Formalismus wäre dann:

$$\rho(\vec{r}) = 2\sum_a^{N/2} \phi_a^*(\vec{r})\phi_a(\vec{r})$$

Wird für die Molekülorbitale ϕ_a erneut die LCAO-Näherung (1.14) eingesetzt, so ergibt sich:

$$\rho(\vec{r}) = 2\sum_a^{N/2}\sum_\mu^m c_{\mu a}^* \chi_\mu^*(\vec{r}) \sum_\nu^m c_{\nu a}\chi_\nu(\vec{r})$$

$$= \sum_\mu^m\sum_\nu^m \left[2\sum_a^{N/2} c_{\mu a}^* c_{\nu a} \right] \chi_\mu^*(\vec{r})\chi_\nu(\vec{r})$$

$$= \sum_\mu^m\sum_\nu^m P_{\mu\nu}\chi_\mu^*(\vec{r})\chi_\nu(\vec{r})$$

$P_{\mu\nu}$ sind dabei die Matrixelemente der sogenannten Dichtematrix **P**, die im Englischen auch als *charge-density bond-order matrix* bezeichnet wird. Ist der Satz von Basisfunktionen $\{\chi_\mu\}$ bekannt, so spezifiziert die Dichtematrix die Elektronendichte des Systems $\rho(\vec{r})$. Die Hartree-Fock-Gleichungen bzw. die Ergebnisse lassen sich also entweder abhängig von den LCAO-Koeffizienten $c_{\mu i}$ oder der Dichtematrix **P** schreiben.

Die Fockmatrix (Gl. (1.15) und (1.10)) ausgedrückt in Abhängigkeit von der Dichtematrix wäre dann:

$$F_{\mu\nu} = \langle \chi_\mu | \widehat{h} | \chi_\nu \rangle + \sum_i^{N/2} \langle \chi_\mu | 2\widehat{J}_i - \widehat{K}_i | \chi_\nu \rangle$$

$$= \langle \chi_\mu | \widehat{h} | \chi_\nu \rangle + \sum_i^{N/2} \left(2 \langle \chi_\mu \phi_i | \frac{1}{r} | \chi_\nu \phi_i \rangle - \langle \chi_\mu \phi_i | \frac{1}{r} | \phi_i \chi_\nu \rangle \right)$$

$$= \langle \chi_\mu | \widehat{h} | \chi_\nu \rangle + \sum_i^{N/2} \sum_\kappa^m \sum_\lambda^m c_{\kappa i} c_{\lambda i} \left(2 \langle \chi_\mu \chi_\kappa | \frac{1}{r} | \chi_\nu \chi_\lambda \rangle - \langle \chi_\mu \chi_\kappa | \frac{1}{r} | \chi_\lambda \chi_\nu \rangle \right)$$

Aus der Gl. (1.9) lässt sich ein Ausdruck für die Energie des elektronischen Grundzustandes im *restricted* Hartree-Fock-Formalismus in Abhängigkeit von der Dichtematrix, den Einelektronintegralen und der Fockmatrix ableiten.

$$E_{el,0} = \frac{1}{2} \sum_\mu \sum_\nu P_{\mu\nu} (\langle \chi_\mu | \widehat{h} | \chi_\nu \rangle + F_{\mu\nu}) \tag{1.18}$$

1.9 Der eigentliche Algorithmus

Die iterative Lösung der Hartree-Fock-Gleichung erfolgt durch den SCF *(self-consistent field)* Algorithmus:

0. Definiere das System (Positionen und Ordnungszahlen der Atomkerne, Basissatz und Anzahl der Elektronen).
1. Berechne alle Ein- $\langle \chi_\mu | \widehat{h} | \chi_\nu \rangle$ und Zweielektronenintegrale $\langle \chi_\mu \chi_\nu | \frac{1}{r} | \chi_\lambda \chi_\kappa \rangle$ und die Überlappungsmatrix **S**.
2. Die Startdichtematrix **P** bzw. die LCAO-Koeffizienten werden geraten.
3. Die Fockmatrix **F** wird aus **P** und den zuvor berechneten Ein- und Zweielektronenintegralen gebildet.
4. Transformiere **F** zu **F′**.
5. Diagonalisiere **F′**, um **C′** und die dazugehörigen Orbitalenergien zu erhalten. (Lösung der Gl. (1.17).)
6. Transformiere **C′** zu **C** und erhalte so neue LCAO-Koeffizienten. Diese sind besser als die, die zu Beginn geraten wurden, und besser als die, die in der letzten Iteration berechnet wurden.

7. Berechne die neue Dichtematrix **P** aus **C**.

8. Berechne die Energie (1.18). Falls diese noch zu stark von der vorherigen abweicht, wird zu Schritt 3 übergegangen, um in der nächsten Iteration bessere Orbitale und Orbitalenergien zu erhalten.

Die Berechnung der Einelektronenintegrale in Schritt 3 ist einfach, aber die Berechnung der Zweielektronenintegrale ist mit Abstand der aufwendigste Teil der Hartree-Fock-Rechnung. Deren Berechnung skaliert mit einem Aufwand von M^4, wobei M die Anzahl der Basisfunktionen im System ist. Je mehr Basisfunktionen also verwendet werden, desto langsamer, aber auch desto genauer ist die Rechnung. Glücklicherweise können die Integrale in der AO-Basis, d. h. aus den Integralen der bekannten Basisfunktionen (Atomorbitale im Basissatz) berechnet werden. Da sich in den Iterationen die LCAO-Koeffizienten, aber nicht die Atomorbitale selbst, ändern, müssen die Ein- und Zweielektronenintegrale nur ein einziges Mal pro SCF berechnet werden. Dennoch ist der Rechenaufwand für die Zweielektronenintegrale so hoch, dass viel Aufwand in die Entwicklung von Verfahren investiert wurde, die die Zweielektronenintegrale vereinfachen. Semiempirische Methoden basieren auf solchen Vereinfachungen.

Das Raten der Dichtematrix im Schritt 2 erfolgt im einfachsten Fall, indem die Startdichtematrix auf 0 gesetzt wird. Je schlechter der „Guess" zu Beginn des SCF-Algorithmus ist, desto mehr Schritte braucht der Algorithmus, um zur „korrekten" Lösung zu kommen und das Energieminimum entsprechend dem Variationsprinzip zu erreichen. In ungünstigeren Fällen kann ein schlechter „Guess" auch dazu führen, dass der Algorithmus nicht konvergiert, also keine Lösung findet. Es gibt daher eine Menge verschiedener Ansätze sinnvolle Startdichtematrizen zu bestimmen. Besser als die Startdichtematrix einfach auf 0 zu setzen, ist es beispielsweise mit Hilfe der erweiterten Hückeltheorie eine Dichtematrix zu erstellen. Darauf soll an dieser Stelle jedoch nicht weiter eingegangen werden.

1.10   RHF, UHF und ROHF

Mit der Gl. (1.9) wurde bereits der Begriff *restricted* Hartree-Fock (RHF) eingeführt. Daneben gibt es auch noch *unrestricted* Hartree-Fock (UHF). Der Unterschied zwischen den beiden Formalismen liegt in der Behandlung des Elektronenspins. Im RHF-Formalismus wird angenommen, dass zwei Elektronen immer gepaart vorliegen und dass das Elektron mit spin-up dementsprechend dieselbe Energie besitzt wie das gepaarte Elektron mit spin-down. Bei der Optimierung der Orbitalkoeffizienten muss also nur der Koeffizient für *ein gemeinsames* Orbital für beide

Abb. 1.4 Der Vergleich zwischen den verschiedenen Hartree-Fock-Formalismen. Beim UHF-Formalismus wird zwischen α- und β-Spin unterschieden

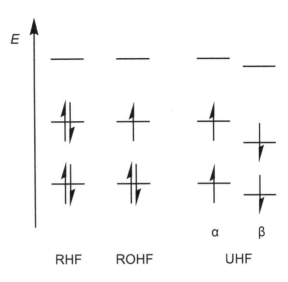

Elektronen optimiert werden. Im UHF-Formalismus werden beide Spinzustände getrennt behandelt. Dies *kann* dazu führen, dass sich die Orbitalenergien von den α- bzw. β-Spinorbitalen voneinander unterscheiden (vgl. Abb. 1.4). Da die Spinorbitale unabhängig voneinander optimiert werden, müssen auch doppelt so viele Orbitalkoeffizienten optimiert werden wie im RHF-Formalismus.

Der RHF-Formalismus erfordert, dass jedes Molekülorbital doppelt besetzt ist. Es lassen sich also nur Moleküle oder Atome berechnen, die geschlossenschalig sind. Deshalb gibt es eine Erweiterung des RHF-Formalismus: *restricted open shell* Hartree-Fock (ROHF). Er ermöglicht die Berechnung von offenschaligen Systemen, indem es dem HOMO erlaubt ist nur einfach besetzt zu sein. Alle anderen Orbitale werden gemäß dem RHF-Formalismus behandelt.

Spricht man nur von „Hartree-Fock" ist damit meist der *restricted* Formalismus (bzw. der ROHF-Formalismus) gemeint.

1.11   Probleme von Hartree-Fock

In Abb. 1.5 ist die Dissoziationskurve des Wasserstoffmoleküls zu sehen. Aufgetragen ist die Bindungsenergie gegen den Abstand. Die *schwarze, durchgezogene* Kurve zeigt den exakten Verlauf. Für kleine Abstände dominiert die Kern-Kern-Repulsion und das Potential geht gegen unendlich. Für große Abstände ist die

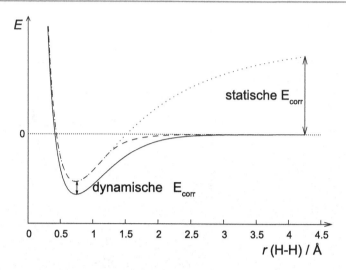

Abb. 1.5 Die Dissoziationskurve von H_2. Der korrekte Verlauf ist in der *durchgezogenen* Kurve zu sehen. Die Unterschiede zwischen RHF *(gepunktet)* und UHF *(gestrichelt)* sind deutlich sichtbar. In beiden Formalismen fehlt die dynamische Korrelation

Energie hier auf 0 normiert, was der vollständigen Dissoziation des H_2-Moleküls entspricht. Dazwischen befindet sich ein Potentialminimum. Der tiefste Punkt entspricht dem Gleichgewichtsabstand des Moleküls.

Die *gestrichelte* Kurve zeigt den Verlauf der Bindungsdissoziation, wie er durch das RHF-Verfahren berechnet wird. Zunächst fällt auf, dass das Minimum nicht so tief liegt wie es liegen müsste *(schwarze, durchgezogene* Kurve). Dies liegt daran, dass die dynamische Korrelation fehlt. Woher der große Unterschied kommt und wie Korrelation berücksichtigt werden kann, wird in den nächsten Kapiteln 2 (CI) und 3 (CC) beschrieben.

Für große Bindungsabstände zeigt die Kurve einen völlig falschen Verlauf. Hier fehlt die statische Korrelation. Das liegt daran, dass im *restricted* Hartree-Fock-Formalismus *(gepunktete* Kurve) beide Elektronen im System in ein einziges Molekülorbital gezwungen werden. Bei der homolytischen Bindungsdissoziation entstehen jedoch zwei Wasserstoffradikale. RHF kann diesen Fall nicht beschreiben, was ebenfalls in Kap. 2 noch genauer gezeigt wird.

Auch bei der *gestrichelten* UHF-Kurve fehlt die dynamische Korrelation. Das liegt daran, dass die UHF-Lösung im Bereich der Gleichgewichtslage dieselben Ergebnisse gibt wie die RHF-Methode, da die Elektronen tatsächlich gepaart vorliegen, das Elektron mit spin-up also die gleiche Energie besitzt wie das gepaarte Elektron mit spin-down. Für größere Abstände unterscheidet sich die UHF-Lösung von der RHF-Lösung und läuft zum korrekten Dissoziationslimit. In UHF befinden sich die beiden Elektronen in zwei verschiedenen Spinorbitalen, deren Energie unabhängig voneinander optimiert wird. Im Dissoziationslimit befinden sich die beiden besetzten Spinorbitale an den verschiedenen Wasserstoffatomen, sodass tatsächlich zwei Wasserstoffradikale entstehen. Allerdings kommt es hierbei zur Spinkontamination.

Spinkontamination
Spinkontamination bezeichnet das artifizielle Mischen von zwei verschiedenen elektronischen Spinzuständen. Die Wellenfunktion ist damit keine Eigenfunktion mehr des $\widehat{S}^2$-Operators, aus dem der Gesamtspin des Systems berechnet werden kann.

Die falsche Dissoziation (RHF: falsches Limit, UHF: Spinkontamination) ist ein großes Problem von Hartree-Fock. Ein weiteres Problem ist die ebenfalls sehr schlechte Beschreibung am Gleichgewichtsabstand. Durch die fehlende dynamische Korrelation haben berechnete Eigenschaften auch um den Gleichgewichtsabstand wie Bindungsenergien, Dimerisierungsenergien, Bindungslängen, etc. eine sehr große Abweichung zu experimentellen Daten. Bei einigen Systemen stimmen selbst qualitative Ergebnisse nicht. So ist zum Beispiel das mit Hartree-Fock berechnete Fluormolekül instabil. Stattdessen sind zwei Fluorradikale stabiler.

Configuration Interaction 2

In Kap. 1 wurde das Hartree-Fock-Verfahren besprochen und dabei festgestellt, dass das Lösen der Hartree-Fock-Gleichungen eine Energie gibt, die höher liegt als die exakte Energie (vgl. Abb. 1.5). Dies ist in Übereinstimmung mit dem Variationsprinzip (1.11), das besagt, dass die Grundzustandsenergie der Hartree-Fock-Wellenfunktion niemals kleiner als die exakte Grundzustandsenergie wird. Die Differenz zwischen exakter (nichtrelativistischer) Grundzustandsenergie und der Hartree-Fock-Energie am Basissatzlimit E_0 wird als Korrelationsenergie bezeichnet.

$$E_{corr} = E_{exakt,0} - E_0 \tag{2.1}$$

Da $E_{exakt,0}$ laut Variationsprinzip kleiner ist als E_0, ist die Korrelationsenergie immer negativ.

Achtung Mit $E_{exakt,0}$ in Gl. (2.1) ist nur die exakte Energie innerhalb der Born-Oppenheimer-Näherung und unter Vernachlässigung relativistischer Effekte gemeint.

Obwohl Hartree-Fock in Kombination mit großen Basissätzen ca. 99 % der absoluten Energie berücksichtigt, ist die fehlende Korrelationsenergie bei der Bildung relativer Energiedifferenzen, wie zum Beispiel Bindungsenergien, notwendig für eine korrekte chemische Beschreibung. Die absolute Energie eines Moleküls oder Atoms dagegen lässt sich experimentell nicht messen und ist für das chemische Verhalten auch nicht von Interesse. Die in diesem Kapitel besprochenen *Configuration Interactions* (CI) (auf Deutsch: Konfigurationswechselwirkungen) stellen eine konzeptionell einfache, aber in der Praxis rechenaufwendige Methode zur Erfassung der fehlenden Korrelationsenergie dar. Dabei wird anstelle einer einzigen Slaterdeterminante eine Linearkombination aus mehreren, verschiedenen

© Springer Fachmedien Wiesbaden GmbH 2017
D. Püschner, *Quantitative Rechenverfahren der Theoretischen Chemie*, essentials, DOI 10.1007/978-3-658-18242-7_2

Slaterdeterminanten verwendet. Dass dies das Ergebnis deutlich verbessert, soll im Folgenden am einfachen Beispiel der Dissoziation von H_2 gezeigt werden.

2.1 Dissoziation von H_2

Um die Idee hinter CI besser zu verstehen, wird zunächst am Beispiel der Dissoziation von H_2 gezeigt, warum in RHF die statische Korrelationsenergie fehlt.

Die Slaterdeterminante für den Grundzustand des gebundenen H_2-Moleküls ist in Gl. (2.2) gezeigt. Es gibt zwei Elektronen, die beide dasselbe Molekülorbital ϕ_1 besetzen (vgl. Abb. 2.1). Um die verschiedenen Spins zu unterscheiden, wird die Ortsfunktion mit der jeweiligen Spinfunktion multipliziert, sodass in der Slaterdeterminante Spinorbitale stehen.

$$
\begin{aligned}
\Psi_0^{SD} &= \frac{1}{\sqrt{2}} \begin{vmatrix} \phi_1(1)\alpha(1) & \phi_1(1)\beta(1) \\ \phi_1(2)\alpha(2) & \phi_1(2)\beta(2) \end{vmatrix} \\
&= \frac{1}{\sqrt{2}} [\phi_1(1)\alpha(1)\phi_1(2)\beta(2) - \phi_1(2)\alpha(2)\phi_1(1)\beta(1)] \\
&= \frac{1}{\sqrt{2}} \phi_1(1)\phi_1(2) [\alpha(1)\beta(2) - \alpha(2)\beta(1)]
\end{aligned} \tag{2.2}
$$

Das Molekülorbital ϕ_1 ist zu gleichen Teilen aus den $1s$-Atomorbitalen der jeweiligen Wasserstoffatome aufgebaut, die durch die Indizes A und B gekennzeichnet werden.

$$
\phi_1 = 1s_A + 1s_B
$$

Die Linearkombination wird in Gl. (2.2) eingesetzt.

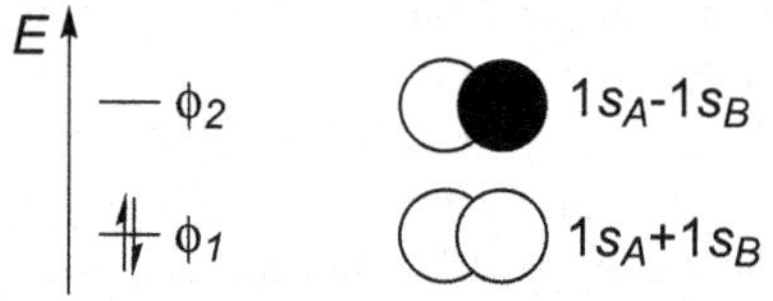

Abb. 2.1 Ein einfaches MO-Schema für das Wasserstoffmolekül im gebundenen Grundzustand. ϕ_1 ist ein bindendes MO, während ϕ_2 das antibindende MO ist

$$\Psi_0^{SD} = \frac{1}{\sqrt{2}} \left[1s_A(1) + 1s_B(1) \right] \cdot \left[1s_A(2) + 1s_B(2) \right] \left[\alpha(1)\beta(2) - \alpha(2)\beta(1) \right]$$

$$= \frac{1}{\sqrt{2}} \left[\underbrace{1s_A(1)1s_A(2) + 1s_B(1)1s_B(2)}_{zwitterionisch} + \underbrace{1s_A(1)1s_B(2) + 1s_B(1)1s_A(2)}_{kovalent} \right]$$

$$\left[\alpha(1)\beta(2) - \alpha(2)\beta(1) \right]$$

$$(2.3)$$

Die Grundzustandsdeterminante von H_2 besteht also zu 50 % aus ionischen ($H_A^+ H_B^-$ bzw. $H_A^- H_B^+$) und zu 50 % aus kovalenten Termen. Dies führt bei der Dissoziation zu Problemen. Im *restricted* Hartree-Fock-Verfahren werden beide Elektronen in dasselbe Molekülorbital gezwungen. Die ionischen Terme bleiben also erhalten. Die Wasserstoffdissoziation muss jedoch homolytisch verlaufen, sodass keine ionischen Terme vorhanden sein dürfen.

Gelöst werden kann das Problem, indem die Determinante des doppelt angeregten Zustands, also die in der sich beide Elektronen im antibindenden Molekülorbital ϕ_2 befinden, zu der Grundzustandsdeterminante beigemischt wird. Dazu wird erst die Slaterdeterminante des doppelt angeregten Zustands $\Psi_{ex.}^{SD}$ aufgestellt.

$$\Psi_{ex.}^{SD} = \frac{1}{\sqrt{2}} \begin{vmatrix} \phi_2(1)\alpha(1) & \phi_2(1)\beta(1) \\ \phi_2(2)\alpha(2) & \phi_2(2)\beta(2) \end{vmatrix} \qquad (2.4)$$

Da es sich bei ϕ_2 um ein antibindendes Molekülorbital handelt (vgl. Abb. 2.1), wird dafür entsprechend die antibindende Kombination aus den $1s$-Atomorbitalen eingesetzt.

$$\phi_2 = 1s_A - 1s_B$$

Analog zu Gl. (2.3) wird für $\Psi_{ex.}^{SD}$ (2.4) Gl. (2.5) erhalten.

$$\Psi_{ex.}^{SD} = \frac{1}{\sqrt{2}} \left[1s_A(1) - 1s_B(1) \right] \cdot \left[1s_A(2) - 1s_B(2) \right] \left[\alpha(1)\beta(2) - \alpha(2)\beta(1) \right]$$

$$= \frac{1}{\sqrt{2}} \left[\underbrace{1s_A(1)1s_A(2) + 1s_B(1)1s_B(2)}_{zwitterionisch} - \underbrace{1s_A(1)1s_B(2) - 1s_B(1)1s_A(2)}_{kovalent} \right]$$

$$\left[\alpha(1)\beta(2) - \alpha(2)\beta(1) \right]$$

$$(2.5)$$

Die Dissoziation kann nur korrekt durch eine Linearkombination der beiden Determinanten Ψ_0^{SD}, $\Psi_{ex.}^{SD}$ beschrieben werden.

$$\Phi = \Psi_0^{SD} - \Psi_{ex.}^{SD}$$

$$= \frac{1}{\sqrt{2}} 2 \left[1s_A(1) 1s_B(2) + 1s_B(1) 1s_A(2) \right] \left[\alpha(1)\beta(2) - \alpha(2)\beta(1) \right] \qquad (2.6)$$

Dabei fallen alle ionischen Terme weg und es bleiben nur die kovalenten Terme übrig, d. h. an jedem der beiden Wasserstoffatome befindet sich ein Elektron. Bei großem Abstand entspricht das zwei Wasserstoffradikalen. Die Wellenfunktion in Gl. (2.6) ist allerdings noch nicht normiert.

2.2   Der CI-Ansatz

Wie im Beispiel im vorherigen Abschnitt gezeigt wurde, kann die fehlende Korrelationsenergie erhalten werden durch die Verwendung von mehreren Determinanten anstelle einer einzigen Slaterdeterminante. Genau dies wird in dem CI-Ansatz gemacht. Um die gesamte Korrelationsenergie zu berücksichtigen, müssen jedoch alle möglichen Slaterdeterminanten berücksichtigt werden. Eine Linearkombination aus allen Determinanten Ψ_i ergibt schließlich die exakte Wellenfunktion Φ_{exakt}. c_i sind hier die Koeffizienten der Linearkombination (CI-Koeffizienten) und nicht zu verwechseln mit den LCAO-Koeffizienten aus Kap. 1.

$$\Phi_{exakt} = \sum_i c_i \Psi_i \qquad (2.7)$$

Wie bereits erwähnt werden die zusätzlichen Determinanten durch elektronische Anregungen des Grundzustandes, der Hartree-Fock-Determinante, konstruiert. Diese wird auch Referenzdeterminante genannt. Zunächst muss also eine normale Hartree-Fock-Rechnung durchgeführt werden, um einen Satz Molekülorbitale für die Grundzustandswellenfunktion Ψ_0 zu erhalten. Für die angeregten Determinanten werden formal die Elektronen aus den besetzten Grundzustandsorbitalen entfernt und in die virtuellen (unbesetzten) Orbitale gesetzt. Dabei kommen die Orbitale aus der Hartree-Fock-Lösung zum Einsatz. Die Orbitalkoeffizienten c_{ij} werden nicht für die angeregten Determinanten optimiert.

In Abb. 2.2 sind verschiedene angeregte Determinanten schematisch dargestellt. Die in Ψ_0 besetzten (engl. *occupied*) *(occ)* Orbitale bekommen die Indizes i, j, k, etc., die unbesetzten, virtuellen *(virt)* Orbitale die Indizes a, b, c, etc. Wird ein einziges Elektron von einem besetzten Orbital i in ein unbesetztes Orbital a angehoben, wird die dazugehörige Determinante Ψ_i^a genannt. Werden zwei Elektronen gleichzeitig angeregt, lautet die dazugehörige Determinante dementsprechend Ψ_{ij}^{ab}. Die

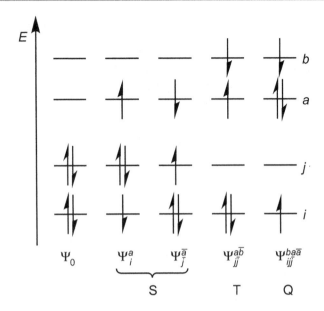

Abb. 2.2 Schematische Darstellung verschiedener angeregter Determinanten unterteilt in die Anregungsklassen

Anregungen werden in verschiedene Klassen aufgeteilt. Dabei werden die einfach angeregten Determinanten auch als S-*type* Determinanten *(Singles)* bezeichnet. Die höher angeregten Zustände erhalten die Kürzel D *(Doubles),* T *(Triples),* Q *(Quadruples),* 5, 6, 7, etc.

Angeregte Determinanten, wie in Abb. 2.2 gezeigt, sind nicht notwendigerweise Eigenfunktionen des Spinoperators $\hat{S}^2$. Durch eine Linearkombination mehrerer Slaterdeterminanten kann jedoch eine neue Funktion gebildet werden, die Eigenfunktion des Operators ist. Diese Linearkombinationen und einzelne Slaterdeterminanten, die Eigenfunktionen von $\hat{S}^2$ sind, werden *configuration state functions* (CSFs) genannt. Um die Notation einfach zu halten, wird im Folgenden die Schreibweise $\Psi_{ijk...}^{abc...}$ für CSFs verwendet, und kann damit sowohl eine einzelne Slaterdeterminante als auch eine Linearkombination von Slaterdeterminanten meinen.

Allgemein gibt es $\binom{2K}{N}$ Möglichkeiten N Elektronen in K Zweielektronenorbitale (MOs) zu verteilen. In Abb. 2.2 ist ein System mit vier Elektronen und vier Orbitalen gezeigt. Daraus resultieren $\binom{8}{4} = 70$ mögliche Konfigurationen. Neben der Grundzustandsdeterminante gibt es 16 einfach angeregte, 36 doppelt angeregte,

16 dreifach angeregte und eine vierfach angeregte Determinante. Allerdings besitzen davon nicht alle einen Gesamtspin von $S = 0$ (Singulett). Für die Korrelationsenergie sind nur die Determinanten wichtig, die die gleiche Spinmultiplizität wie die Referenzdeterminante Ψ_0 haben. Interessieren einen nur Singulettzustände, so bleiben von den 70 Konfigurationen nur 20 gültige CSFs mit der richtigen Multiplizität übrig.

Achtung Die Anzahl der möglichen Determinanten hängt nicht nur von der Anzahl der Elektronen sondern maßgeblich von der Anzahl der unbesetzten Orbitale ab. Deren Anzahl wiederum ist abhängig von der Anzahl der verwendeten Basisfunktionen in der LCAO-Entwicklung. Ein großer Basissatz führt also zu mehr CSFs in der CI-Entwicklung (2.7), was den Rechenaufwand erhöht. Auf der anderen Seite darf der Basissatz nicht zu klein gewählt werden, da nur in ausreichend großen Basissätzen die elektronische Struktur des Systems korrekt beschrieben werden kann.

Unter Beachtung der Anregungsklassen kann Gl. (2.7) folgendermaßen geschrieben werden:

$$\Phi_{CI} = c_0 \Psi_0 + \underbrace{\sum_i^{occ} \sum_a^{virt} c_i^a \Psi_i^a}_{S} + \underbrace{\sum_{i<j}^{occ} \sum_{a<b}^{virt} c_{ij}^{ab} \Psi_{ij}^{ab}}_{D} + \ldots \qquad (2.8)$$

Bei den Doppel- und höheren Anregungen muss darauf geachtet werden, dass $i < j$ und $a < b$ ist, da ansonsten die CSFs mehrfach gezählt werden.

Die einzelnen CSFs werden durch ihre CI-Koeffizienten $c_{ijk...}^{abc...}$ gewichtet. Die Hartree-Fock-Lösung mit nur einer Determinante enthält bereits den größten Teil der Grundzustandsenergie, weshalb c_0 auch der größte Koeffizient nahe 1 ist. Für die fehlende Korrelationsenergie sind vor allem die Doppelanregungen wichtig. Diese beinhalten zwischen 80–90 % der Korrelationsenergie für Systeme mit wenigen Elektronen. Je größer die Systeme werden, desto kleiner wird allerdings der Anteil der Korrelationsenergie, der durch die Doppelanregungen beschrieben wird. Am zweitwichtigsten sind Einfach- und Vierfachanregungen. Dem folgen die Dreifachanregungen. Die höheren Terme werden zunehmend unwichtiger, d. h. ihr Koeffizient in der Linearkombination (2.8) wird kleiner.

2.3   Die CI-Matrix

Für die CI-Energie muss, wie auch schon beim Hartree-Fock-Verfahren, die zeitunabhängige Schrödingergleichung gelöst werden.

$$\widehat{H}\Phi_{CI} = E_{CI,0}\Phi_{CI}$$

Die CI-Koeffizienten werden variationell optimiert. Dabei soll die Energie $E_{CI,0}$ minimal werden unter der Bedingung, dass die Wellenfunktion normiert bleibt. Dies kann mit Lagrange-Multiplikatoren erreicht werden, sodass letztendlich die Gl. (2.9) erhalten wird.

$$\mathbf{Hc} = E\mathbf{c} \qquad (2.9)$$

$\mathbf{H}$ ist die sogenannte CI-Matrix, die diagonalisiert werden muss, um die Eigenwertgleichung (2.9) zu lösen. Der niedrigste Eigenwert ist die Energie des Grundzustands (inklusive der erfassten Korrelationsenergie). Der Eigenvektor $\mathbf{c}$ enthält die CI-Koeffizienten.

Die CI-Matrix $\mathbf{H}$ ist in Gl. (2.10) gezeigt, wobei die Determinanten in der CI-Entwicklung (2.8) hier einfach durchnummeriert werden Ψ_1, Ψ_2, etc.

$$H_{ij} = \langle \Psi_i | \widehat{H} | \Psi_j \rangle \qquad (2.10)$$

$$\mathbf{H} = \begin{pmatrix} \langle\Psi_0|\widehat{H}|\Psi_0\rangle & \langle\Psi_0|\widehat{H}|\Psi_1\rangle & \langle\Psi_0|\widehat{H}|\Psi_2\rangle & \dots \\ \langle\Psi_1|\widehat{H}|\Psi_0\rangle & \langle\Psi_1|\widehat{H}|\Psi_1\rangle & \langle\Psi_1|\widehat{H}|\Psi_2\rangle & \dots \\ \langle\Psi_2|\widehat{H}|\Psi_0\rangle & \langle\Psi_2|\widehat{H}|\Psi_1\rangle & \langle\Psi_2|\widehat{H}|\Psi_2\rangle & \dots \\ \vdots & \vdots & \vdots & \ddots \end{pmatrix}$$

Die Matrix wird zur besseren Übersichtlichkeit anhand ihrer Anregungsklassen in Blöcke unterteilt. Anstatt also alle Matrixelemente zwischen Ψ_0 und allen doppelt angeregten Determinanten Ψ_{ij}^{ab} aufzuschreiben, wird nur $\langle\Psi_0|\widehat{H}|D\rangle$ geschrieben. Damit lässt sich Matrix (2.10) vereinfachen zur Matrix (2.11).

$$\begin{pmatrix} \langle\Psi_0|\widehat{H}|\Psi_0\rangle & \langle\Psi_0|\widehat{H}|S\rangle & \langle\Psi_0|\widehat{H}|D\rangle & \langle\Psi_0|\widehat{H}|T\rangle & \langle\Psi_0|\widehat{H}|Q\rangle & \dots \\ \langle S|\widehat{H}|\Psi_0\rangle & \langle S|\widehat{H}|S\rangle & \langle S|\widehat{H}|D\rangle & \langle S|\widehat{H}|T\rangle & \langle S|\widehat{H}|Q\rangle & \dots \\ \langle D|\widehat{H}|\Psi_0\rangle & \langle D|\widehat{H}|S\rangle & \langle D|\widehat{H}|D\rangle & \langle D|\widehat{H}|T\rangle & \langle D|\widehat{H}|Q\rangle & \dots \\ \langle T|\widehat{H}|\Psi_0\rangle & \langle T|\widehat{H}|S\rangle & \langle T|\widehat{H}|D\rangle & \langle T|\widehat{H}|T\rangle & \langle T|\widehat{H}|Q\rangle & \dots \\ \langle Q|\widehat{H}|\Psi_0\rangle & \langle Q|\widehat{H}|S\rangle & \langle Q|\widehat{H}|D\rangle & \langle Q|\widehat{H}|T\rangle & \langle Q|\widehat{H}|Q\rangle & \dots \\ \vdots & \vdots & \vdots & \vdots & \vdots & \ddots \end{pmatrix} \qquad (2.11)$$

Auch diese Matrix lässt sich noch vereinfachen, denn durch Betrachtung der Matrixelemente fallen einige Terme weg: Im Hamiltonoperator (Gl. (1.2)) werden maximal Zweielektronenwechselwirkungen berücksichtigt. Aus diesem Grund fallen alle Matrixelemente weg, in denen sich die Determinanten um mehr als zwei Spinorbitale unterscheiden. Die dreifach angeregten Determinanten koppeln also beispielsweise mit den einfach, doppelt, vierfach und fünffach angeregten Determinanten. Die Grundzustandsdeterminante und die sechsfach und höher angeregten Determinanten unterscheiden sich immer um mehr als zwei Spinorbitale von den dreifach angeregten Determinanten. Die Matrixelemente $\langle T|\widehat{H}|X\rangle$ mit X = Ψ_0, 6, 7, … werden also immer 0. Weiterhin lässt sich zeigen, dass einfach angeregte Determinanten nicht direkt mit dem Hartree-Fock-Grundzustand wechselwirken. Daher fallen zusätzlich alle $\langle S|\widehat{H}|\Psi_0\rangle$ Terme weg. Dies nennt sich *Brillouins Theorem*. Dennoch sind die Einfachanregungen wichtig, da sie mit den Doppelanregungen koppeln und so indirekt auch mit dem Grundzustand wechselwirken.

Brillouins Theorem

Einfach angeregte Determinanten Ψ_i^a interagieren nicht *direkt* mit dem Hartree-Fock-Grundzustand Ψ_0.

$$\langle\Psi_0|\widehat{H}|\Psi_i^a\rangle = \langle\Psi_i^a|\widehat{H}|\Psi_0\rangle = 0$$

In der finalen CI-Matrix (2.12) fallen also eine ganze Menge Integrale weg:

$$\begin{pmatrix} \langle\Psi_0|\widehat{H}|\Psi_0\rangle & 0 & \langle\Psi_0|\widehat{H}|D\rangle & 0 & 0 & \dots \\ 0 & \langle S|\widehat{H}|S\rangle & \langle S|\widehat{H}|D\rangle & \langle S|\widehat{H}|T\rangle & 0 & \dots \\ \langle D|\widehat{H}|\Psi_0\rangle & \langle D|\widehat{H}|S\rangle & \langle D|\widehat{H}|D\rangle & \langle D|\widehat{H}|T\rangle & \langle D|\widehat{H}|Q\rangle & \dots \\ 0 & \langle T|\widehat{H}|S\rangle & \langle T|\widehat{H}|D\rangle & \langle T|\widehat{H}|T\rangle & \langle T|\widehat{H}|Q\rangle & \dots \\ 0 & 0 & \langle Q|\widehat{H}|D\rangle & \langle Q|\widehat{H}|T\rangle & \langle Q|\widehat{H}|Q\rangle & \dots \\ \vdots & \vdots & \vdots & \vdots & \vdots & \ddots \end{pmatrix} \qquad (2.12)$$

Weil nur die Doppelanregungen direkt mit Ψ_0 koppeln, sind diese am wichtigsten für die Korrelationsenergie.

2.4   Abgebrochene CI-Entwicklungen

Werden in der CI-Entwicklung (2.8) alle Anregungsklassen berücksichtigt, wird von *full* CI (FCI) gesprochen (siehe auch Kasten: Anzahl der Anregungsklassen in FCI). Wegen der hohen Anzahl von Determinanten und dem damit verbundenen Rechenaufwand ist das nur für kleinste Systeme und Basissätze praktikabel. Aus diesem Grund muss die Entwicklung meist schon früh abgebrochen werden. Wenn nach den Einfachanregungen abgebrochen wird, wird dies als *CI with Singles* (CIS) bezeichnet. Werden nur Doppelanregungen berücksichtigt, nennt sich das *CI with Doubles* (CID). Bei Berücksichtigung von Einfach- und Doppelanregungen spricht man von CISD. Für jede hinzukommende Anregungsklasse wird einfach der entsprechende Buchstabe angehängt (CISDT, CISDTQ, CISDTQ5, etc.).

Achtung Da nach Brillouins Theorem die einfach angeregten Determinanten nicht direkt mit der Grundzustandswellenfunktion koppeln, liefert eine CIS-Rechnung auch die gleiche Energie für den Grundzustand wie eine Hartree-Fock-Rechnung.

$$E_0(CIS) = E_0(HF)$$

Jedoch koppeln sie mit den doppelt angeregten Determinanten, die wiederum mit dem Grundzustand koppeln, sodass sich die Einfachanregungen indirekt auf die Grundzustandsenergie auswirken. Der Rechenaufwand für Einfachanregungen ist im Vergleich zu den Doppelanregungen vernachlässigbar klein, sodass CID fast nie gemacht wird. Stattdessen werden CISD-Rechnungen durchgeführt, was deutlich bessere Ergebnisse bringt, ohne den Rechenaufwand gegenüber CID merklich zu vergrößern.

Anzahl der Anregungsklassen in FCI
Die Anzahl der Anregungsklassen, die in FCI enthalten sind, ist von der Elektronenzahl im System abhängig. Bei dem H_2-Molekül gibt es nur zwei Elektronen, weshalb CISD hier schon FCI entspricht. Im Wassermolekül gibt es zehn Elektronen. Hier müssen für FCI also alle Anregungsklassen bis einschließlich den 10-fach Anregungen berücksichtigt werden.

Abb. 2.3 Die „exakte"
Lösung kann nur erhalten
werden, indem die gesamte
Korrelationsenergie (FCI)
mitgenommen wird und
gleichzeitig zum
Basissatzlimit gegangen
wird

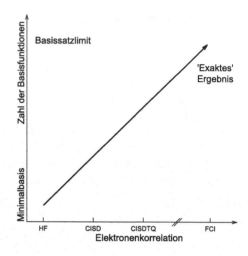

Um die exakte, nichtrelativistische Energie innerhalb der Born-Oppenheimer-Näherung zu erhalten, müssen nicht nur alle Anregungsklassen berücksichtigt werden (FCI), sondern auch ein (theoretisch) unendlich großer Basissatz verwendet werden (Basissatzlimit). Anhand der Abb. 2.3 wird schnell klar, dass die exakte Lösung der Schrödingergleichung mit CI in der Praxis nicht erreicht werden kann. Tab. 2.1 zeigt das formale Skalierungsverhalten des Rechenaufwands in Abhängigkeit von der Anzahl der Basisfunktionen M. Um ein vernünftiges Ergebnis zu erzielen, ist ein ausreichend großer Basissatz nötig, sodass schon für relativ kleine Systeme Anregungsklassen jenseits von CISD impraktikabel werden.

Durch den Abbruch der CI-Entwicklung (2.8) wird nur ein Teil der Korrelationsenergie berücksichtigt. Wie bereits erwähnt ist der Anteil der Korrelationsenergie,

Tab. 2.1 Die Skalierung des Rechenaufwands von CI im Vergleich zu HF. M ist die Anzahl der Basisfunktionen

Methode	Skalierungsverhalten
HF	M^4
CIS	M^4
CISD	M^6
CISDT	M^8
CISDTQ	M^{10}
FCI	$M!$

der durch eine bestimmte Anregungsklasse berücksichtigt wird, von der Anzahl der Elektronen im System abhängig. Um besser zu verstehen, warum das ein großes Problem ist, wird das Heliumdimer betrachtet. Die Dimerisierungsenergie ergibt sich als:

$$E_{\text{Dimer}} = E(\text{He}_2) - 2 \cdot E(\text{He})$$

Das schwach gebundene System besitzt vier Elektronen. Mit einer CISD-Rechnung wird also nur ein Teil – wenn auch ein Großteil – der Korrelationsenergie berücksichtigt. Für die Berechnung der Monomerenergie $E(\text{He})$ wird nur die Energie eines Heliumatoms berechnet. Dieses hat nur zwei Elektronen, weshalb CISD hier die *komplette* Korrelationsenergie erfasst. Bei der Berechnung der Dimerisierungsenergie mit der obigen Formel würde also ein nicht unerheblicher Fehler entstehen. Bei dem schwach gebundenen Heliumdimer ist der Fehler so groß, dass das Ergebnis qualitativ falsch wird und eine positive Dimerisierungsenergie erhalten wird. Das System wäre also ungebunden.

Anstelle von $2 \cdot E(\text{He})$ kann theoretisch auch die Energie des Heliumdimers bei einem sehr großen Abstand $E(\text{He} \cdots \text{He})$ berechnet werden. Ist der Abstand groß genug, spüren sich die Atome nicht mehr und die Energie sollte genauso groß sein wie die Energie von zwei einzelnen Heliumatomen. Wird das $\text{He} \cdots \text{He}$ System mit CISD berechnet, ist aber auch hier nicht alle Korrelationsenergie erhalten, da ein System mit vier Elektronen berechnet wird – auch wenn die beiden Heliumatome einen Abstand von 100 Å oder mehr haben. Physikalisch gesehen *muss* die Energie zweier unendlich weit entfernter, also nicht mehr wechselwirkender, Moleküle der doppelten Energie der Monomere entsprechen. Dieses Prinzip wird Größenkonsistenz genannt (engl. *size consistency*).

$$N \cdot E(\text{A}) = E(N \cdot \text{A})$$

Die Gleichung wird in dem Beispiel des Heliumdimers nicht erfüllt. Abgebrochene CI-Entwicklungen sind also *nicht* größenkonsistent.

Ein allgemeineres Konzept ist die Größenextensivität (engl. *size extensivity*). Dieses wird durch abgebrochene CI-Entwicklungen ebenfalls nicht erfüllt.

Größenextensivität
Die Energie ist proportional zu der Zahl der Elektronen im System.

$$E \propto N_{el}$$

Coupled Cluster

3

Die im letzten Kapitel vorgestellte Methode *Configuration Interaction* ist eine systematische Erweiterung von Hartree-Fock. Durch die Verwendung aller Determinanten kann die komplette Korrelationsenergie erhalten werden. Aufgrund des hohen Rechenaufwands ist dies in der Praxis nur für die allerkleinsten Systeme möglich, weshalb die CI-Entwicklung meist abgebrochen werden muss. Das daraus resultierende Fehlen der Größenkonsistenz und -extensivität stellt jedoch ein Problem dar. Die in diesem Kapitel vorgestellte *Coupled Cluster* Methode (CC) verfolgt einen ähnlichen Ansatz wie CI, ist aber größenkonsistent. So lassen sich auch bei abgeschnittenen *Coupled Cluster* Entwicklungen sehr hohe Genauigkeiten und wegen der Größenkonsistenz auch untereinander vergleichbare Ergebnisse erreichen. Durch den hohen Rechenaufwand ist aber auch hier die Systemgröße in der Praxis limitiert.

3.1 Der Anregungsoperator $\widehat{T}$

In CI wird die exakte Wellenfunktion als Linearkombination mehrerer angeregter Zustände und einer Referenzdeterminante beschrieben (Gl. (2.8)). Die angeregten Zustände lassen sich formal durch Anwendung des Anregungsoperators $\widehat{T}$ auf die Grundzustandsdeterminante bilden.

$$\widehat{T} = \widehat{T}_1 + \widehat{T}_2 + \widehat{T}_3 + \cdots + \widehat{T}_N \tag{3.1}$$

Dabei wirkt der Operator $\widehat{T}_1$ entsprechend der Einfachanregung.

$$\widehat{T}_1 \Psi_0 = \sum_i^{occ} \sum_a^{virt} t_i^a \Psi_i^a$$

© Springer Fachmedien Wiesbaden GmbH 2017
D. Püschner, *Quantitative Rechenverfahren der Theoretischen Chemie*, essentials,
DOI 10.1007/978-3-658-18242-7_3

Die Operatoren $\widehat{T}_2, \widehat{T}_3, \ldots, \widehat{T}_N$ erzeugen die höheren Anregungen. N ist wieder die Anzahl der Elektronen im System und somit $\widehat{T}_N$ die höchste Anregungsklasse. Die Koeffizienten t_i^a werden im *Coupled Cluster* Formalismus als Amplituden bezeichnet. In CI wurden diese als CI-Koeffizienten c_i^a bezeichnet. Die CI-Wellenfunktion ergibt sich also formal als:

$$\Phi_{CI} = (1 + \widehat{T})\Psi_0 = (1 + \widehat{T}_1 + \widehat{T}_2 + \widehat{T}_3 + \cdots + \widehat{T}_N)\Psi_0 \tag{3.2}$$

Wird der Anregungsoperator $\widehat{T}$ bis $\widehat{T}_N$ entwickelt, dann handelt es sich bei Gl. (3.2) um *full* CI.

Wie im CI-Ansatz wird bei *Coupled Cluster* die Wellenfunktion ebenfalls aus angeregten Determinanten zusätzlich zur Grundzustandsdeterminante konstruiert. Anstelle des Anregungsoperators $\widehat{T}$ (3.1) wird der Exponentialoperator $\exp(\widehat{T})$ verwendet, der als Reihe entwickelt werden kann (3.3). Durch die Anwendung des Operators auf eine Referenzdeterminante wird die *Coupled Cluster* Wellenfunktion konstruiert (3.4). Für die Referenzdeterminante können wie bei CI die Orbitale aus einer vorangegangen Hartree-Fock-Rechnung verwendet werden.

$$e^{\widehat{T}} = \sum_{k=0}^{\infty} \frac{1}{k!}\widehat{T}^k = 1 + \widehat{T} + \frac{1}{2}\widehat{T}^2 + \frac{1}{6}\widehat{T}^3 + \frac{1}{24}\widehat{T}^4 + \ldots \tag{3.3}$$

$$\Phi_{CC} = e^{\widehat{T}}\Psi_0 \tag{3.4}$$

In Gl. (3.3) wird der Anregungsoperator $\widehat{T}$ (3.1) eingesetzt, was zu Gl. (3.5) führt.

$$
\begin{aligned}
e^{\widehat{T}} = \ &1 &&\Psi_0 \\
&+ \widehat{T}_1 &&S \\
&+ \widehat{T}_2 + \frac{1}{2}\widehat{T}_1^2 &&D \\
&+ \widehat{T}_3 + \widehat{T}_1\widehat{T}_2 + \frac{1}{6}\widehat{T}_1^3 &&T \\
&+ \widehat{T}_4 + \widehat{T}_1\widehat{T}_3 + \frac{1}{2}\widehat{T}_1^2\widehat{T}_2 + \frac{1}{2}\widehat{T}_2^2 + \frac{1}{24}\widehat{T}_1^4 &&Q \\
&+ \ldots
\end{aligned}
\tag{3.5}
$$

Gl. (3.5) ist bereits nach den Anregungsklassen sortiert. Durch Anwendung des Operators auf die Grundzustandsdeterminante Ψ_0 wird eine Summe aus der Grundzustandsdeterminante selbst und den angeregten Determinanten erhalten. Die erste

Zeile in der Gl. (3.5) lässt Ψ_0 unverändert. $\widehat{T}_1$ in der zweiten Zeile generiert die einfach angeregten Determinanten (S). In der dritten Zeile werden alle doppelt angeregten Zustände (D) generiert. Anregungen, die durch $\widehat{T}_2$ vorgenommen werden, werden als *connected Doubles* bezeichnet, die durch $\widehat{T}_1^2$ vorgenommenen als *disconnected Doubles*. Analog dazu sind $\widehat{T}_1\widehat{T}_2$ und $\widehat{T}_1^3$ *disconnected Triples*, $\widehat{T}_3$ *connected Triples*, usw.

3.2 Abgebrochene CC-Entwicklungen

Wie auch in CI kann bei CC der Anregungsoperator $\widehat{T}$ abgeschnitten werden. Bei CI ist das nötig, da der Rechenaufwand ansonsten zu hoch wird. Bei *Coupled Cluster* ist der Rechenaufwand noch höher, sodass es auch hier nötig ist, den Anregungsoperator nach dem zweiten oder dritten Term abzubrechen. Werden alle Terme mitgenommen, ist *Coupled Cluster* identisch zu *full* CI. Durch die Verwendung des Exponentialoperators unterscheiden sich abgebrochene CC-Entwicklungen allerdings von abgebrochenen CI-Entwicklungen. Das soll im Folgenden gezeigt werden. Dafür wird der Anregungsoperator nach dem zweiten Term abgeschnitten.

$$\widehat{T} = \widehat{T}_1 + \widehat{T}_2$$

Durch Einsetzen in den Exponentialoperator (3.3) wird Gl. (3.6) erhalten.

$$
\begin{array}{ll}
e^{\widehat{T}_1+\widehat{T}_2} = 1 & \Psi_0 \\
\quad + \widehat{T}_1 & S \\
\quad + \widehat{T}_2 + \frac{1}{2}\widehat{T}_1^2 & D \\
\quad + \widehat{T}_1\widehat{T}_2 + \frac{1}{6}\widehat{T}_1^3 & T \\
\quad + \frac{1}{2}\widehat{T}_2^2 + \frac{1}{2}\widehat{T}_2\widehat{T}_1^2 + \frac{1}{24}\widehat{T}_1^4 & Q \\
\quad + \ldots & (3.6)
\end{array}
$$

Obwohl der Anregungsoperator $\widehat{T}$ also nach den Doppelanregungen ($\widehat{T}_2$) abgeschnitten wird, sind auch die höheren Anregungsklassen berücksichtigt *(disconnected Triples* und *Quadruples...)*. Dies ist extrem wichtig in Bezug auf die Eigenschaft der Größenkonsistenz. Im Kap. 2 wurde anhand des Heliumdimers gezeigt, dass in einer CISD-Rechnung zwei Heliumatome bei unendlichem Abstand eine andere Energie haben als zwei einzeln berechnete Heliumatome. Bei der oben gezeigten CCSD-Entwicklung werden auch die Drei- und Vierfachanregungen und damit alle Anregungsklassen des Heliumdimers berücksichtigt. Abgebrochene *Coupled Cluster* Entwicklungen sind also anders als abgebrochene CI-Entwicklungen größenkonsistent!

> Abgebrochene *Coupled Cluster* Entwicklungen sind größenkonsistent.

3.3   Eigenschaften von Coupled Cluster

In CI wurden die CI-Koeffizienten $c_{ijk\ldots}^{abc\ldots}$ variationell bestimmt. Die Bestimmung der Amplituden (Koeffizienten) $t_{ijk\ldots}^{abc\ldots}$ im *Coupled Cluster* Verfahren ist variationell nicht so einfach möglich, da durch den Exponentialterm im Anregungsoperator eine Reihe sich nicht aufhebender Terme im Variationsansatz auftauchen. Die Berechnung der Amplituden erfolgt meist iterativ im sogenannten Projektionsansatz, auf den hier jedoch nicht weiter eingegangen wird. Je mehr Anregungsklassen berücksichtigt werden, desto besser werden die berechneten Amplituden und damit auch die berechnete Energie des Systems.

Der große Vorteil von *Coupled Cluster* gegenüber *Configuration Interaction* ist die Größenkonsistenz. Als Konsequenz von der Art der Berechnung der Amplituden ist *Coupled Cluster* jedoch nicht variationell, d. h. die CC-Energie kann über- oder unterhalb der exakten Energie liegen. In der Praxis hat sich jedoch gezeigt, dass dies weniger problematisch ist als die fehlende Größenkonsistenz in CI.

Ein weiteres Problem ist der große Rechenaufwand von *Coupled Cluster*. Formal skaliert dieser mit der Basissatzgröße gleich mit dem von CI (vgl. Tab. 2.1). Bei gleicher Basissatzgröße ist eine CCSD-Rechnung dennoch um einen Faktor von etwa 1,5 bis 2 langsamer als eine CISD-Rechnung. Durch die *disconnected* Anregungen wird dabei ein größerer Teil der Korrelationsenergie berücksichtigt, wenn auch nicht die komplette. Dafür muss eine nicht abgeschnittene *Coupled Cluster* bzw. *full* CI Rechnung durchgeführt werden, was nur für die kleinsten Systeme möglich ist. Werden zusätzlich zu den Einfach- und Doppelanregungen auch noch die Dreifachanregungen berücksichtigt, ist man in den meisten Fällen dem exakten Ergebnis sehr nahe, vorausgesetzt es wird ein ausreichend großer Basissatz verwendet. Da eine CCSDT-Rechnung jedoch mit M^8 skaliert und damit fast immer zu aufwendig ist, werden die Dreifachanregungen *(Triples)* oft nur störungstheoretisch, also näherungsweise behandelt. Dies wird als CCSD(T) bezeichnet. Dadurch skaliert die Rechenzeit „nur noch" mit M^7. Am Gleichgewichtsabstand von Molekülen ist die Störungstheorie für die meisten Fälle eine gute Näherung. Bei der Dissoziation allerdings führt CCSD(T) zu Problemen, was an der Art liegt, wie die störungstheoretische Korrektur berechnet wird. Dennoch gilt CCSD(T) als „Goldstandard" der Quantenchemie. Solche Rechnungen werden immer dann durchgeführt, wenn sehr genaue Ergebnisse erreicht oder die Genauigkeit von anderen (schnelleren) Methoden wie zum Beispiel die der Dichtefunktionaltheorie untersucht werden soll.

Dichtefunktionaltheorie

4

Im letzten Kapitel dieses *essentials* wird die Dichtefunktionaltheorie (DFT) (engl. *Density Functional Theory*) vorgestellt. Diese Methode ist heute die wohl am meisten genutzte Methode. Die Grundidee ist es, die Observablen eines Systems, wie die Energie, nicht aus der Wellenfunktion, sondern aus der Elektronendichte zu berechnen.

4.1 Die orbitalfreie Dichtefunktionaltheorie

1964 haben Pierre Hohenberg und Walter Kohn zwei Theoreme aufgestellt (Hohenberg und Kohn 1964). Das erste Theorem besagt, dass die Energie eines Systems von dessen Elektronendichte bestimmt wird. Dabei führen verschiedene Elektronendichten zu verschiedenen Grundzustandsenergien. Der Zusammenhang zwischen der Dichte und der Energie wird durch ein universelles, also ein vom System unabhängiges, Funktional beschrieben.

1. Hohenberg-Kohn-Theorem
Es gibt eine eins zu eins Verknüpfung zwischen der exakten Grundzustandsenergie und einem (unbekannten) Funktional $F\left[\rho\left(\vec{r}\right)\right]$ von der Elektronendichte. Das Funktional ist universell, also identisch für jedes System.

Die Elektronendichte
Der Zusammenhang zwischen der Elektronendichte $\rho(\vec{r})$ und dem System lässt sich leicht vorstellen. Dort, wo sich die Atomkerne befinden, gibt es Maxima in der Elektronendichte („cusps" vgl. Abb. 1.2). Die Steigung von

© Springer Fachmedien Wiesbaden GmbH 2017
D. Püschner, *Quantitative Rechenverfahren der Theoretischen Chemie*, essentials,
DOI 10.1007/978-3-658-18242-7_4

$\rho(\vec{r})$ am Ort der Kerne ist abhängig von der Kernladung. Wenn über die Dichte integriert wird, ergibt sich die Anzahl der Elektronen im System.

Das zweite Hohenberg-Kohn-Theorem ist die Gültigkeit des Variationsprinzips für die Elektronendichte (vgl. Gl. (1.11)).

2. Hohenberg-Kohn-Theorem
Für die Elektronendichte gilt das **Variationsprinzip**. Das universelle Funktional gibt für Testdichten Energien, die höher oder gleich der exakten Grundzustandsenergie sind. Das Funktional gibt nur dann die minimale Energie, wenn $\rho\,(\vec{r})_{Test}$ der exakten Grundzustandsdichte entspricht.

$$F\left[\rho\,(\vec{r})_{Test}\right] \geq E_{exakt,0}$$

Einer der großen Vorteile der orbitalfreien Dichtefunktionaltheorie gegenüber der Wellenfunktionstheorie (HF, CI, CC) ist, dass die Energie nur von der Elektronendichte abhängt. Wenn die Elektronendichte bekannt ist, ist es mit dem universellen Funktional auch möglich, die Energie des Systems zu bestimmen, ohne die Wellenfunktion zu benötigen[1]. Nach dem zweiten Hohenberg-Kohn-Theorem muss das Minimum des Funktionals der Elektronendichte gefunden werden, um die Grundzustandsenergie zu erhalten. Ein Vorteil der Elektronendichte ist, dass sie nur noch von drei Ortskoordinaten abhängig ist, da über alle Elektronenkoordinaten bis auf eine integriert wird.

$$\rho(\vec{r}_1) = \int |\Psi(\vec{r}_1, \vec{r}_2, \vec{r}_3, \ldots, \vec{r}_N)|^2\, d^3\vec{r}_2, d^3\vec{r}_3 \ldots d^3\vec{r}_N$$

Die Slaterdeterminante dagegen hängt von allen Elektronenkoordinaten ab, also $3N$ Ortskoordinaten.[2] Für die Energie in DFT werden unabhängig von der Anzahl der Elektronen im System nur drei Koordinaten benötigt. Die Komplexität des Problems ist in der ursprünglichen orbitalfreien Dichtefunktionaltheorie also deutlich

---

[1]Anders als die Wellenfunktion ist die Elektronendichte eine Observable, die zum Beispiel experimentell durch Röntgenbeugung bestimmt werden kann.

[2]Jedes Elektron besitzt im kartesischen Koordinatensystem drei Ortskoordinaten. Zusätzlich kann der Spin noch als vierter Bestandteil der „Elektronenkoordinate" angesehen werden, sodass bei dessen Berücksichtigung die Slaterdeterminante von $4N$ Koordinaten abhängt.

reduziert gegenüber der Wellenfunktionstheorie. Ein weiterer Vorteil von DFT ist, dass im exakten Funktional bereits die Elektronenkorrelation enthalten wäre. Leider ist das exakte Funktional, dass die Verknüpfung zwischen Elektronendichte und Energie darstellt, unbekannt.

Analog zu den Energiebeiträgen in Hartree-Fock kann das (unbekannte) Funktional als Summe der folgenden Funktionale geschrieben werden:

- Kinetische Energie der Elektronen $T_e[\rho]$
- Elektron-Kern-Anziehung $E_{eK}[\rho]$
- Elektron-Elektron-Wechselwirkung $E_{ee}[\rho]$

Wie auch schon in den vorherigen Kapiteln, wird hier die Born-Oppenheimer-Näherung verwendet, d. h. die kinetische Energie der Kerne wird vernachlässigt und die Kern-Kern-Abstoßung als konstant angenommen. Analog zu dem Fock-Operator kann die Elektron-Elektron-Wechselwirkung $E_{ee}[\rho]$, in der die Elektronenkorrelation schon implizit enthalten ist, in die Coulomb- $J[\rho]$ und Austauschfunktionale $K[\rho]$ aufgespalten werden. $E_{eK}[\rho]$ und $J[\rho]$ lassen sich über klassische Gleichungen beschreiben und sind kein Problem.

$$J[\rho] = \frac{1}{2} \int \int \frac{\rho(\vec{r_1})\rho(\vec{r_2})}{|\vec{r_1} - \vec{r_2}|} d^3\vec{r_1} d^3\vec{r_2}$$

$$E_{eK}[\rho] = \sum_{I=1}^{N_K} \int \frac{Z_I \rho(\vec{r})}{|\vec{R_I} - \vec{r}|} d^3\vec{r}$$

Die Schwierigkeit liegt in der Beschreibung der kinetischen Energie und der Austauschenergie. Für das Modell des homogenen Elektronengases (engl. *Uniform Electron Gas*) (UEG) gibt es allerdings Ansätze für dessen Beschreibung. Im Thomas-Fermi-Ansatz wird die kinetische Energie $T_{TF}[\rho]$ im UEG berechnet. Bei dem Thomas-Fermi-Dirac-Ansatz kommt noch ein Term für die Austauschenergie $K_D[\rho]$ hinzu.

$$E_{TFD}[\rho] = T_{TF}[\rho] + E_{eK}[\rho] + J[\rho] + K_D[\rho]$$

Wegen der grundlegenden Annahme eines homogenen Elektronengases kann der Thomas-Fermi-Dirac-Ansatz keine Bindungen beschreiben und ist somit für die Berechnung von Molekülen nicht verwendbar. Für die Valenzelektronen einiger metallischer Systeme ist das UEG jedoch eine ausreichende Näherung.

4.2   Kohn-Sham-DFT

Neben dem Thomas-Fermi- und Thomas-Fermi-Dirac-Ansatz gab es in der Vergangenheit immer wieder Ansätze und Bemühungen, das exakte Funktional für den Zusammenhang zwischen Energie und Elektronendichte zu finden. Bisher liefern diese Versuche aber keine zuverlässigen Ergebnisse. Bereits 1965 führten Walter Kohn und Lu Jeu Sham Orbitale in der Dichtefunktionaltheorie ein (Kohn und Sham 1965). Dadurch wird die Energie wieder, wie auch in der Wellenfunktionstheorie, von der Anzahl der Elektronen im System abhängig. Allerdings gibt es nun einen Ausdruck, mit dem der größte Teil der kinetischen Energie erfasst werden kann.

Um die Energie zu berechnen, haben Kohn und Sham einen Trick verwendet (Kohn-Sham-Trick). Der Term für die kinetische Energie wird aufgespalten in einen Term, der exakt berechnet werden kann, und einen Korrekturterm. Durch die Aufspaltung ergibt sich der Hamiltonoperator als:

$$\widehat{H}_\lambda = \widehat{T} + V_{ext}(\lambda) + \lambda V_{ee} \quad \text{mit } 0 \leq \lambda \leq 1$$

Dabei ist V_{ext} ein externes Potential, in dem sich die Elektronen bewegen. Wenn $\lambda = 1$ ist, bedeutet das, dass $V_{ext} = V_{eK}$ ist. $\lambda = 1$ entspricht dem realen System. Für Werte zwischen 0 und 1 wird angenommen, dass das externe Potential so angepasst werden kann, dass die Dichte ρ unverändert (und exakt) bleibt. Für $\lambda = 0$ wechselwirken die Elektronen nicht und die exakte Lösung der Schrödingergleichung kann aus einer Slaterdeterminante berechnet werden. In dieser hypothetischen Annahme ist das exakte kinetische Energiefunktional bekannt und abhängig von den Orbitalen ϕ_i in der Slaterdeterminante.

$$T^{SD} = \sum_{i=1}^{N} \langle \phi_i \Big| -\frac{1}{2}\nabla^2 \Big| \phi_i \rangle \tag{4.1}$$

In der Kohn-Sham-Theorie wird die kinetische Energie unter der Näherung nicht wechselwirkender Elektronen berechnet. Der dadurch fehlende Anteil an der exakten kinetischen Energie sowie die Elektronenkorrelation und die Austauschenergie wird als Zusatzterm $E_{xc}[\rho]$ in der DFT-Energieberechnung berücksichtigt.

$$E_{DFT}[\rho] = T^{SD}[\rho] + E_{eK}[\rho] + J[\rho] + E_{XC}[\rho]$$

$$E_{XC}[\rho] = (T[\rho] - T^{SD}[\rho]) + (E_{ee}[\rho] - J[\rho])$$

Das Austauschkorrelationsfunktional $E_{XC}[\rho]$ kann nicht genau berechnet werden, weshalb für das Funktional Näherungen gefunden werden müssen. Auf die unterschiedlichen Arten der Näherungen wird im nächsten Abschnitt eingegangen.

Berechnung der Elektronendichte aus Orbitalen
Die Elektronendichte lässt sich natürlich auch aus Orbitalen berechnen. Wird einfach angenommen, dass die Spinorbitale entweder voll oder gar nicht besetzt sind, lässt sich die Dichte durch folgende einfache Gleichung beschreiben, bei der über alle besetzten Orbitale summiert wird:

$$\rho = \sum_{i}^{N} |\phi_i|^2$$

Die Berechnung der Kohn-Sham-Orbitale erfolgt wie in Hartree-Fock ebenfalls variationell und iterativ.

Durch die Einführung von Orbitalen ist die Energie, wie auch in Hartree-Fock, von $3N$ Variablen abhängig, anstelle von nur drei Variablen wie es die „echte", orbitalfreie Dichtefunktionaltheorie ist. Allerdings wird durch das Austauschkorrelationsfunktional die Elektronenkorrelation berücksichtigt, sodass sich bessere Ergebnisse als mit Hartree-Fock erzielen lassen. Im Vergleich zu den auf Hartree-Fock aufbauenden Korrelationsmethoden (CI, CC) ist DFT sehr viel einfacher. Wie gut die Beschreibung der Elektronenkorrelation in DFT ist, hängt allerdings vom Austauschkorrelationsfunktional ab. Für dieses gibt es verschiedene Ansätze und daraus resultierend eine ganze Reihe unterschiedlicher Funktionale, die meist mit wenigen Buchstaben abgekürzt werden (z. B. B3LYP, TPSS, PBE, PBE0, PWGGA). Im Folgenden soll ein kurzer Überblick gegeben werden.

Achtung Streng genommen muss die Dichtefunktionaltheorie mit Orbitalen als Kohn-Sham-DFT (KS-DFT) bezeichnet werden. Da in der Praxis jedoch (fast) immer KS-DFT genutzt wird, wird der Begriff DFT als Synonym für KS-DFT verwendet.

4.3   Dichtefunktionale

Die unterschiedlichen Dichtefunktionale wie B3LYP, PBE, TPSS, etc. lassen sich basierend auf ihrer rechnerischen Grundlage einer der folgenden Kategorien zuordnen: LDA, GGA, meta-GGA, Hybrid und Doppel-Hybrid. Einen groben Überblick über die Qualität der Funktionalkategorien bietet die *Jacob's ladder* (zu Deutsch: Jakobsleiter), die in der Tab. 4.1 dargestellt ist. Frei nach der biblischen Geschichte befindet sich auf der untersten Stufe die einfachste Näherung für das Funktional, die auch die schlechtesten Ergebnisse gibt (Hölle der Genauigkeit). Je höher das Funktional auf dieser „Leiter" angeordnet ist, desto besser werden die Ergebnisse. Auf der höchsten Stufe stehen (aktuell) die Doppel-Hybride, welche in der Regel die genausten Ergebnisse liefern (Himmel der Genauigkeit).

Das LDA-Funktional *(Local Densitiy Approximation)* ist das einfachste Funktional. Es wird die Annahme getroffen, dass die lokale Elektronendichte als ein homogenes Elektronengas behandelt werden kann. Für molekulare Systeme ist LDA extrem schlecht. Für Metalle, wo das homogene Elektronengas eine zufriedenstellende Näherung sein kann, wird LDA teilweise auch heute noch genutzt.

Die GGA-Funktionale *(Generalized Gradient Approximation)* verwenden nicht nur die Elektronendichte an einem gegebenem Punkt, sondern auch noch die Ableitung der Dichte an diesem Punkt. Für die Berechnung der Austausch- und Korrelationsenergien gibt es verschiedene Ansätze, weshalb die genaue Wahl des Funktionals (z. B. PBE, BP86, BLYP) einen entscheidenden Einfluss auf das Ergebnis haben kann. GGA-Funktionale sind vom Rechenaufwand günstig, bieten aber eine sehr viel bessere Beschreibung für chemische Systeme und ihre Eigenschaften als LDA, sodass sie bei der Berechnung von Festkörpern und großen Molekülen beliebt sind.

Auf der nächsten Stufe der *Jacob's ladder* befinden sich die meta-GGA-Funktionale. Sie sind eine Erweiterung der GGA-Funktionale, da sie nicht nur die erste, sondern auch höhere Ableitungen der Elektronendichte verwenden.

Tab. 4.1 Die *Jacob's ladder* bietet einen groben Überblick über die Qualität der verschiedenen Dichtefunktionale

Stufe	Informationen	Beispiele
Doppel-Hybride	Fock-Austausch, virtuelle Orbitale, $\nabla^2\rho$, $\nabla\rho$, ρ	B2PLYP
Hybride	Fock-Austausch, besetzte Orbitale, $\nabla^2\rho$, $\nabla\rho$, ρ	B3LYP, PBE0, PW6B95
meta-GGA	$\nabla^2\rho$, $\nabla\rho$, ρ	TPSS
GGA	$\nabla\rho$, ρ	PBE, PW91, BLYP
LDA	ρ	LDA

Die Hybride bilden die nächst höhere Stufe auf der *Jacob's ladder*. In den Hybrid-Funktionalen wird die Austauschkorrelationsenergie nur zum Teil mit Hilfe der Dichtefunktionaltheorie berechnet, also mit LDA- oder (meta-)GGA-Funktionalen. Der restliche Teil der Austauschenergie wird durch den exakten Austausch aus der Hartree-Fock-Theorie (Fock-Austausch) beschrieben. Dafür werden die Kohn-Sham-Orbitale verwendet. Eines der beliebtesten und bekanntesten Hybrid-Funktionale ist das B3LYP-Funktional, das für organische Moleküle meist gute Ergebnisse liefert, bei Festkörpern aber oft schlechter ist als andere Funktionale.

Auf der *Jacob's ladder* gibt es noch eine fünfte Stufe, die sogenannten Doppel-Hybride. Bei diesen werden zusätzlich zum Fock-Austauch noch virtuelle Orbitale und explizite Elektronenkorrelation berücksichtigt. Allerdings sind diese Methoden sehr rechenintensiv.

Zwischen der Local Density Approximation und den GGA-Funktionalen liegt eine große Verbesserung der Genauigkeit, ebenso zwischen den meta-GGA- und Hybrid-Funktionalen. Die Verbesserung von GGA zu meta-GGA ist vergleichsweise gering. Zu beachten ist, dass der Rechenaufwand mit der Stufe des Funktionals auf der *Jacob's ladder* zunimmt, sodass die Rechnungen mit Hybrid-Funktionalen wesentlich aufwendiger sind als GGA-Rechnungen. Zudem geben nicht alle Funktionale einer Stufe dasselbe Ergebnis. Einige Funktionale sind für Moleküle besser geeignet als für Festkörper. Bei anderen Funktionalen dagegen ist es umgekehrt. Es ist daher notwendig sorgfältig zu testen, welches Funktional für das System, welches man untersuchen möchte, am besten geeignet ist. Da bei Kohn-Sham-DFT Orbitale verwendet werden, wird wie in HF, CI und CC ein Basissatz benötigt. Um das Theorielevel einer DFT-Rechnung sofort zu erkennen, wird in Veröffentlichungen die Kombination von verwendetem Funktional und dem Kürzel für den Basissatz wie folgt angegeben: *DFT-Funktional/Basissatz* (z. B. B3LYP/def2-TZVP).

4.4   Probleme von DFT

Die große Anzahl von Funktionalen ist für die flexiblen Einsatzmöglichkeiten und die Beliebtheit von DFT verantwortlich, aber zugleich auch einer der großen Kritikpunkte der Dichtefunktionaltheorie. Es kann sein, dass zwei verschiedene Funktionale völlig andere qualitative Ergebnisse liefern, sodass ein berechnetes System mit einem Funktional beispielsweise als stabil beschrieben wird, während mit einem anderen Funktional das System instabil wäre. Durch die große Anzahl an verschiedenen Funktionalen gibt es oft den Vorwurf, dass sich immer ein Funktional findet, dass die Ergebnisse so vorhersagt, wie der Autor einer wissenschaftlichen Arbeit es gerne hätte. Aus diesem Grund muss erst getestet werden, ob das Funktional für das System bereits bekannte experimentelle Daten reproduzieren kann. Falls keine Daten für das spezielle System bekannt sind, kann der Test auch an chemisch ähnlichen Systemen durchgeführt werden oder ein Vergleich mit einer *Coupled Cluster* Rechnung gemacht werden. Ohne einen solchen Funktionaltest ist es schwierig zu sagen, ob das gewählte Funktional das System gut beschreiben kann. Eine gute wissenschaftliche Arbeit sollte immer einen solchen Funktionaltest enthalten bzw. auf frühere Arbeiten verweisen, wo sich das gewählte Funktional bei ähnlichen Systemen bereits bewährt hat.

Zudem gibt es noch eine Reihe anderer Probleme in KS-DFT, wie zum Beispiel:

- Analog zu Hartree-Fock kann zwischen *restricted* (RKS) und *unrestricted* KS-DFT (UKS) unterschieden werden. Und ebenso wie im *restricted* Hartree-Fock-Formalismus gibt es bei *restricted* Kohn-Sham-DFT-Rechnungen das Problem des falschen Grenzwertes bei der Dissoziation. Auch hier liegt das Problem

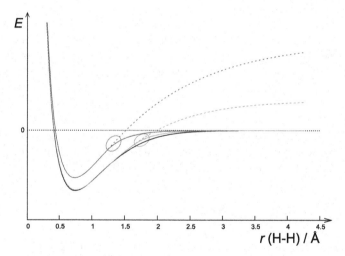

Abb. 4.1 Die Dissoziationskurve von H_2. Der korrekte Verlauf ist in der *schwarzen* Kurve zu sehen. Die „oberen", *dunkelgrauen* Kurven zeigen noch einmal die Hartree-Fock-Ergebnisse. Die *hellgrauen* Kurven zeigen die Dissoziation in Kohn-Sham-DFT. Dabei sind die gestrichelten Kurven jeweils die Ergebnisse des *restricted* Formalismus während die durchgezogenen Kurven den *unrestricted* Formalismus zeigen. Das falsche Dissoziationsverhalten im *restricted* Formalismus tritt bei KS-DFT im Vergleich zu Hartree-Fock erst später auf. Auch am Gleichgewichtsabstand bietet das hier verwendete GGA-Funktional (PBE) eine bessere Beschreibung gegenüber Hartree-Fock

daran, dass in KS-DFT normalerweise nur eine Slaterdeterminante verwendet wird. Wie in Abb. 4.1 gezeigt tritt der Fehler erst bei größeren Abständen im Vergleich zu Hartree-Fock auf.

- In vielen Funktionalen gibt es das Problem des Selbstwechselwirkungsfehlers, der bewirkt, dass ein Elektron mit sich selbst wechselwirkt.
- Die Standard-Dichtefunktionale berücksichtigen keine Dispersionswechselwirkungen (van-der-Waals-Wechselwirkungen). Es gibt jedoch Dispersionskorrekturen, die nachträglich auf eine Dichtefunktionalrechnung angewandt werden können, wie die bekannte DFT-D3-Korrektur.
- Obwohl das Variationsprinzip für das exakte Dichtefunktional gilt, können Standard-Dichtefunktionale eine Energie geben, die tiefer als die exakte Energie liegt. Im Basissatzlimit streben sie zwar gegen einen Grenzwert, dieser liegt jedoch nicht zwingend überhalb der wahren Energie.

Trotz all dieser Schwierigkeiten ist DFT eine sehr beliebte Methode. Dies liegt an den sehr viel besseren Ergebnissen, die im Vergleich zu Hartree-Fock erreicht werden, obwohl der Rechenaufwand für die einfachen Funktionale vergleichbar gering ist. Mit Hybrid-Funktionalen können sehr gute Ergebnisse erreicht werden, mit einem deutlich geringeren Aufwand als bei einer CCSD(T)-Rechnung. Die Kombination von Rechenaufwand und (meist) guten Ergebnissen ist verantwortlich für den Erfolg.

Was Sie aus diesem *essential* mitnehmen können

- Ein tiefergehendes Verständnis der Hartree-Fock-Theorie.
- Schlechte Ergebnisse von Hartree-Fock-Rechnungen führen dazu, dass heute andere Methoden genutzt werden.
- *Configuration Interaction* ist eine systematische Verbesserung von Hartree-Fock. Sie basiert auf der Verwendung von mehreren Slaterdeterminanten.
- *Configuration Interaction* ist nicht größenkonsistent, *Coupled Cluster* dagegen schon.
- Ein Verständnis der Dichtefunktionaltheorie, der beliebtesten Methode in der modernen Computerchemie.

© Springer Fachmedien Wiesbaden GmbH 2017   53
D. Püschner, *Quantitative Rechenverfahren der Theoretischen Chemie*, essentials,
DOI 10.1007/978-3-658-18242-7

Literatur

Lehrbücher

Szabo A, Ostlund NS (1996) Modern quantum chemistry. Dover, New York (Sehr ausführliche Behandlung von Hartree-Fock und CI. Kein CC und DFT.)
Jensen F (2007) Introduction to computational chemistry, 2nd edn. Wiley, Chichester
Koch F, Holthausen MC (2001) A chemist's guide to density functional theory, 2nd edn. Wiley-VCH, Weinheim

Schlüsselartikel zu DFT

Hohenberg P, Kohn W (1964) Inhomogeneous electron gas. Phys Rev 136:B864–B871
Kohn F, Sham LJ (1965) Self-consistent equations including exchange and correlation effects. Phys Rev 140:1133–1138

Artikel zu Cytochrom P450

Shaik S, Cohen S, Visser SP de et al (2004) Eur J Inorg Chem 2004:207–226

© Springer Fachmedien Wiesbaden GmbH 2017
D. Püschner, *Quantitative Rechenverfahren der Theoretischen Chemie*, essentials,
DOI 10.1007/978-3-658-18242-7

Printed in the United States
By Bookmasters